전기
기능사
360제

초단기
합격보장

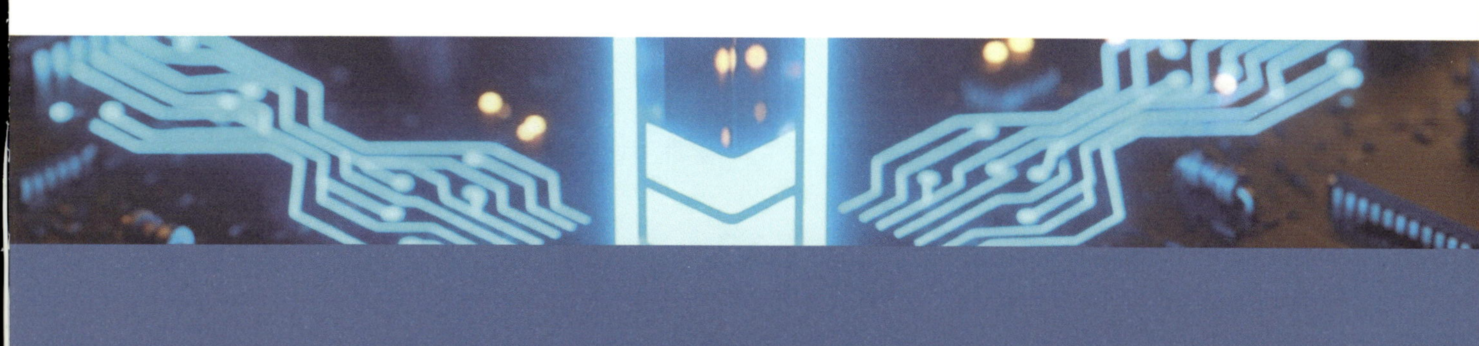

전기기능사

초단기 합격보장 360제

초판 인쇄　2026년 5월 6일

초판 발행　2026년 5월 8일

편 저 자 | 이향진, 자격시험연구소

발 행 처 | ㈜서원각

등록번호 | 1999-1A-107호

주　　소 | 경기도 고양시 일산서구 덕산로 88-45(가좌동)

교재주문 | 031-923-2051

팩　　스 | 031-923-3815

교재문의 | 카카오톡 플러스 친구[서원각]

홈페이지 | goseowon.com

PREFACE

전기기능사는 전기에 필요한 장비 및 공구를 사용하여 회전기, 정지기, 제어장치 또는 빌딩, 공장, 주택, 및 전력시설물의 전선, 케이블, 전기기계 및 기구를 설치, 보수, 검사, 시험 및 관리하는 일을 수행합니다. 전기기능사 자격증은 가장 기본이 되는 국가기술자격으로 전기공사산업기사, 전기공사기사, 전기산업기사, 전기기사 자격증 취득의 첫 단계이기도 합니다.

최근 CBT 시험으로 변경되었지만, 시험을 준비하는 수험생들은 방대한 이론과 낯선 용어에서 적지 않은 부담을 느끼고 있습니다. 본서는 수험생들의 이러한 어려움을 조금이나마 덜고자 기획되었습니다.

실제 시험에서 중요하게 다루어지는 필요한 핵심 내용만을 선별하여 이론에 대한 부담을 덜고자 하였습니다. 또한 반복해서 출제되는 유형을 중심으로 예상문제를 구성하고 핵심을 빠르게 짚을 수 있도록 간결하면서도 이해 중심의 해설로 정리하였습니다. 더불어 2025년 기출 키워드를 바탕으로 기출문제를 복원하여 실전 대비가 가능하도록 구성하였습니다.

낯선 용어와 복잡한 공식에 막막할 수 있지만, 포기하지 않고 회독을 늘리다 보면 어느덧 정답이 눈에 들어오는 순간이 옵니다. 모든 문제를 완벽하게 다 풀려고 하기보다는 아는 문제를 확실히 맞히는 '60점 합격 전략'으로 접근하고, 기출문제 오답 노트를 통해 자주 실수하는 부분을 점검한다면 합격이라는 결과는 자연스럽게 따라올 것입니다.

오늘의 노력이 내일의 결실로 돌아올 여러분의 도전을 진심으로 응원합니다.

STRUCTURE

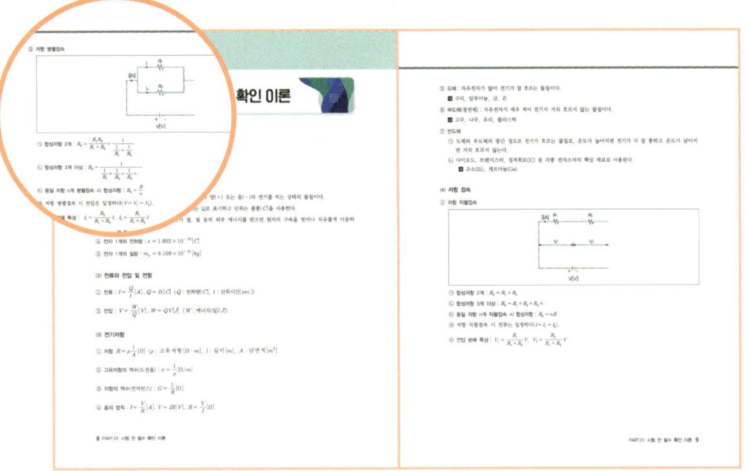

시험 전 필수 확인 이론

시험에 앞서 반드시 숙지해야 할 핵심 이론만을 정리하였습니다. 방대한 이론을 모두 다루기보다, 출제 빈도가 높은 내용을 중심으로 구성하여 학습 부담을 줄이고 효율적인 복습이 가능하도록 하였습니다.

출제예상문제

출제가 예상되는 빈출 유형 문제 구성

실제 시험에 반복해서 출제되는 유형을 분석하여 예상문제를 구성하였습니다. 예상문제 풀이를 통해 핵심 개념을 자연스럽게 익히고, 출제 경향을 파악할 수 있도록 하였습니다.

합격전략 및 상세한 해설

출제 경향을 반영한 학습 방향과 문제 접근 방법을 함께 제시하여 안정적인 점수 확보에 도움이 될 수 있도록 하였습니다. 핵심을 빠르게 이해할 수 있도록 간결하면서도 체계적인 해설뿐만 아니라, 이해를 돕는 그림 자료와 시험장에서 빠르게 적용할 수 있는 Tip도 함께 수록하였습니다.

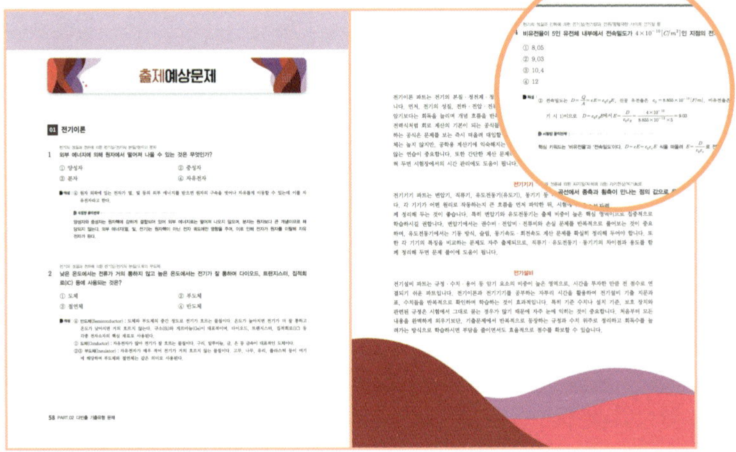

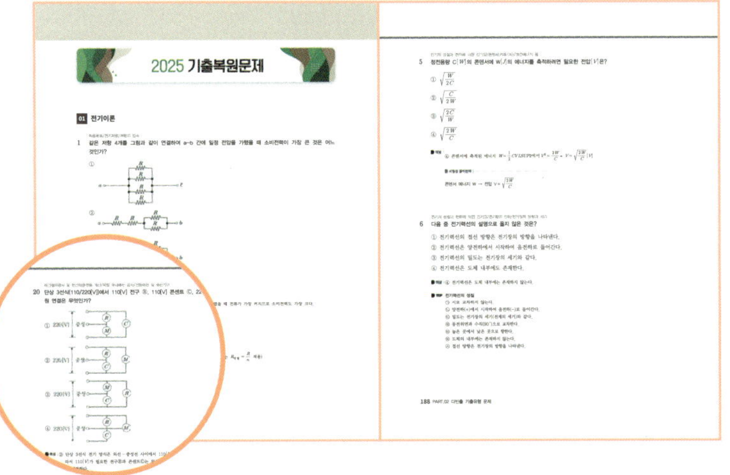

2025 기출복원문제

최근 기출 키워드를 바탕으로 문제를 복원하여 실제 시험과 유사한 형태로 구성하였습니다. 이를 통해 CBT 시험 환경에 대비하고, 문제 유형에 대한 적응력을 높일 수 있도록 하였습니다.

CONTENTS

PART
01
시험 전 필수
확인 이론

시험 전 **필수 확인 이론**

01 전기이론

1. 직류회로

(1) 전하

① 전하 : 어떤 물질이 전자를 잃거나 얻음에 따라 양(+) 또는 음(−)의 전기를 띠는 상태의 물질이다.

② 전하량 : 전하의 전기량을 나타내며, 기호는 Q로 표시하고 단위는 쿨롱$[C]$을 사용한다.

③ 자유전자 : 원자 외곽에 있는 전자가 열, 빛 등의 외부 에너지를 받으면 원자의 구속을 벗어나 자유롭게 이동하는 전자이다.

④ 전자 1개의 전하량 : $e = 1.602 \times 10^{-19}[C]$

⑤ 전자 1개의 질량 : $m_e = 9.109 \times 10^{-31}[kg]$

(2) 전류와 전압 및 전항

① 전류 : $I = \dfrac{Q}{t}[A]$, $Q = It[C]$ (Q : 전하량$[C]$, t : 단위시간$[sec]$)

② 전압 : $V = \dfrac{W}{Q}[V]$, $W = QV[J]$ (W : 에너지(일)$[J]$)

(3) 전기저항

① 저항 $R = \rho\dfrac{l}{A}[\Omega]$ (ρ : 고유저항$[\Omega \cdot m]$, l : 길이$[m]$, A : 단면적$[m^2]$

② 고유저항의 역수(도전율) : $\sigma = \dfrac{1}{\rho}[\mho/m]$

③ 저항의 역수(컨덕턴스) : $G = \dfrac{1}{R}[\mho]$

④ 옴의 법칙 : $I = \dfrac{V}{R}[A]$, $V = IR[V]$, $R = \dfrac{V}{I}[\Omega]$

⑤ 도체 : 자유전자가 많아 전기가 잘 흐르는 물질이다.

　　예 구리, 알루미늄, 금, 은

⑥ 부도체(절연체) : 자유전자가 매우 적어 전기가 거의 흐르지 않는 물질이다.

　　예 고무, 나무, 유리, 플라스틱

⑦ 반도체

　　㉠ 도체와 부도체의 중간 정도로 전기가 흐르는 물질로, 온도가 높아지면 전기가 더 잘 통하고 온도가 낮아지면 거의 흐르지 않는다.

　　㉡ 다이오드, 트랜지스터, 집적회로(IC) 등 각종 전자소자의 핵심 재료로 사용된다.

　　　　예 규소(Si), 게르마늄(Ge)

(4) 저항 접속

① 저항 직렬접속

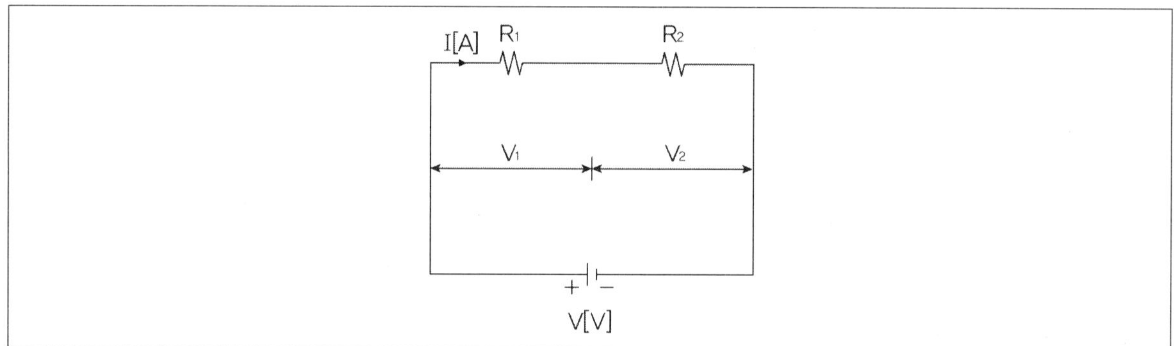

　　㉠ 합성저항 2개 : $R_0 = R_1 + R_2$

　　㉡ 합성저항 3개 이상 : $R_0 = R_1 + R_2 + R_3 + \cdots$

　　㉢ 동일 저항 n개 직렬접속 시 합성저항 : $R_0 = nR$

　　㉣ 저항 직렬접속 시 전류는 일정하다($I = I_1 = I_2$).

　　㉤ 전압 분배 특성 : $V_1 = \dfrac{R_1}{R_1 + R_2} V$, $V_2 = \dfrac{R_2}{R_1 + R_2} V$

② 저항 병렬접속

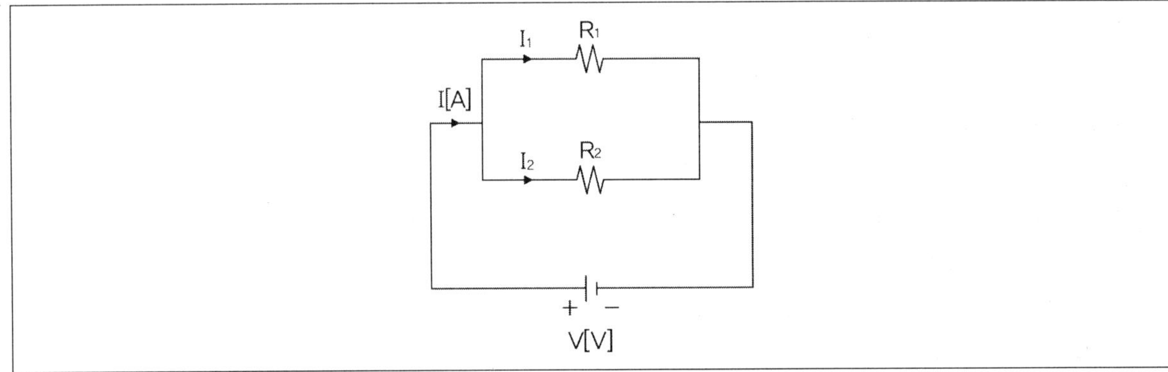

㉠ 합성저항 2개 : $R_0 = \dfrac{R_1 R_2}{R_1 + R_2} = \dfrac{1}{\dfrac{1}{R_1} + \dfrac{1}{R_2}}$

㉡ 합성저항 3개 이상 : $R_0 = \dfrac{1}{\dfrac{1}{R_1} + \dfrac{1}{R_2} + \dfrac{1}{R_3} + \cdots}$

㉢ 동일 저항 n개 병렬접속 시 합성저항 : $R_0 = \dfrac{R}{n}$

㉣ 저항 병렬접속 시 전압은 일정하다($V = V_1 = V_2$).

㉤ 전류 분배 특성 : $I_1 = \dfrac{R_2}{R_1 + R_2} I,\ \ I_2 = \dfrac{R_1}{R_1 + R_2} I$

③ 저항의 직·병렬접속 : $R_0 = R_1 + \dfrac{R_2 R_3}{R_2 + R_3}$

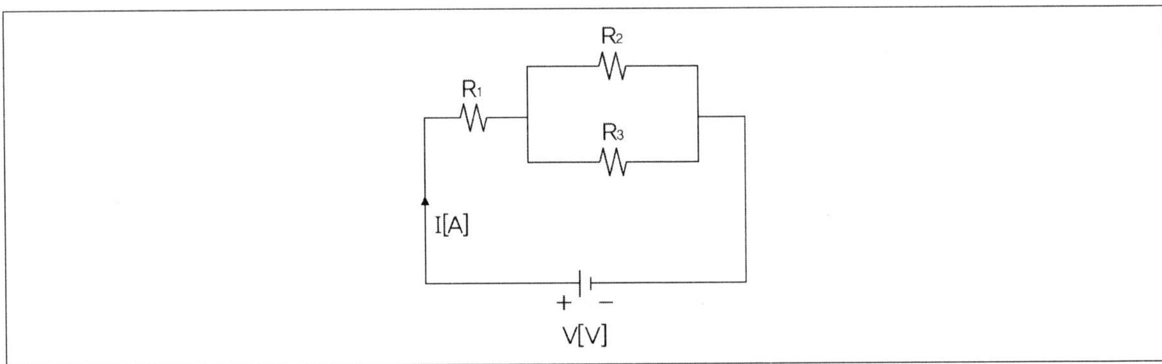

④ 키르히호프의 제1 · 2법칙

구분	내용
키르히호프의 1법칙	• 전류 법칙 • 임의의 한 점에서 유입되는 전류의 합과 유출되는 전류의 합은 같다. • 전류의 부호는 유입되는 전류를 양(+)의 값, 유출되는 전류를 음(−)의 값으로 설정한다.
키르히호프의 2법칙	• 전압 법칙 • 폐회로에서 기전력의 총합은 전압강하의 총합과 같다. • 기준이 되는 전류의 방향과 같은 방향의 기전력은 +, 다른 방향은 −로 표시하여 방정식을 만든다.

(5) 전지의 접속

① 전지 직렬접속

　㉠ 전체 용량 : 일정

　㉡ 전체 부하전류 : $I = \dfrac{nE}{nr + R}[A]$

　㉢ 합성 전압 : $nE[V]$ (n배 증가)

　㉣ 합성 내부저항 : $nr[ohm]$(n배 증가)

② 전지 병렬접속

　㉠ 전체 용량 : n배 증가

　㉡ 전체 부하전류 : $I = \dfrac{E}{\dfrac{r}{n} + R}[A]$

　㉢ 합성 전압 : E(일정)

　㉣ 합성 내부저항 : $\dfrac{r}{n}[ohm]$($\dfrac{1}{n}$배 감소)

2. 전류의 열작용과 화학작용

(1) 전력과 전력량 및 마력

① 전력 : $P = VI = I^2 R = \dfrac{V^2}{R} = \dfrac{W}{t} [W = J/\sec]$

② 전력량 : $W = Pt = VIt = I^2 Rt = \dfrac{V^2}{R} t [J = W \cdot \sec]$

③ 마력 : $1[HP] = 746[W]$

(2) 줄의 법칙 = 열량(H)

$$H = 0.24W = 0.24Pt = 0.24VIt = 0.24I^2 Rt$$

플러스TIP 단위환산

- $1[cal] = 약 4.2[J]$
- $1[J] = 0.24[cal]$
- $1[kWh] = 3.6 \times 10^6 [J] = 860[kcal]$

(3) 배율기와 분류기

① 배율기

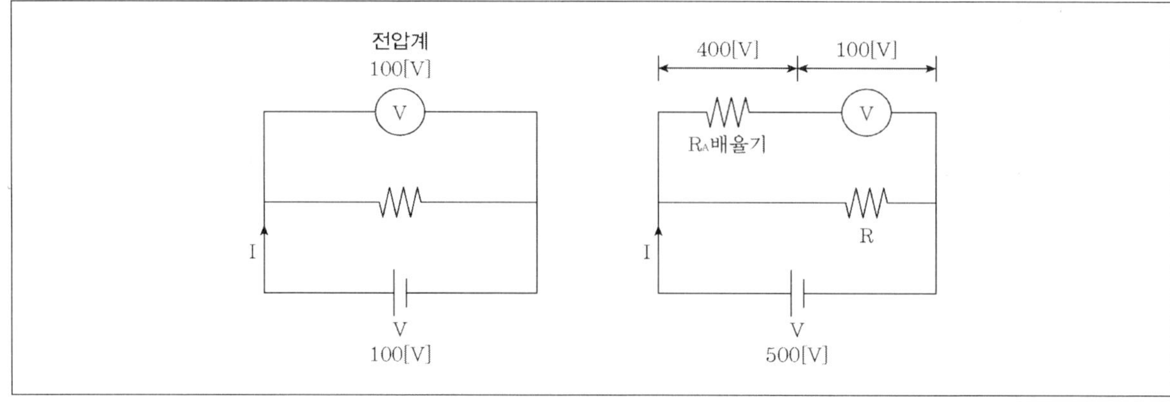

㉠ 전압계의 측정 범위를 넓히기 위해 직렬로 연결하여 전압을 나누어 갖는 저항이다.

㉡ 배율기와 전압계 → 직렬 연결

㉢ 부하와 전압계 → 병렬 연결

② 분류기

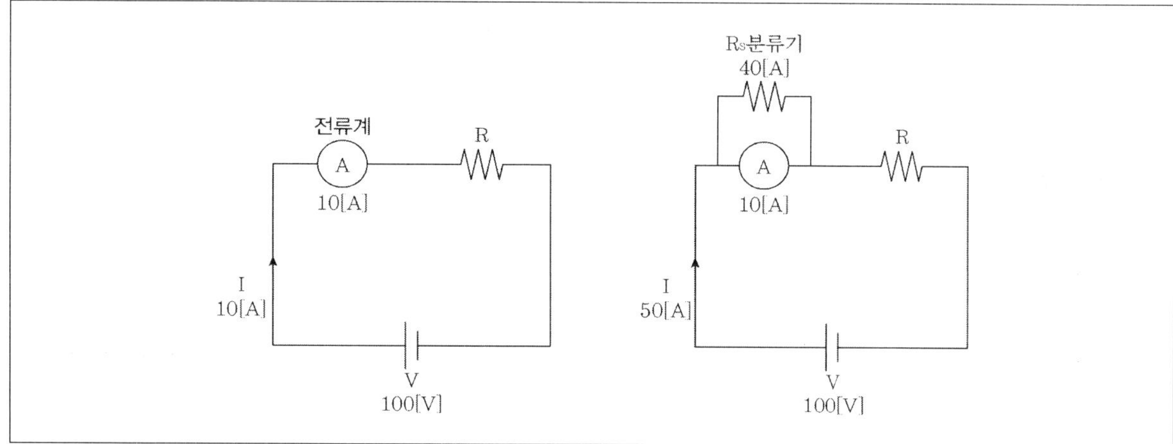

ㄱ 전류계의 측정 범위를 넓히기 위해 병렬로 연결하여 전류를 나누어 흐르게 하는 저항이다.

ㄴ 분류기와 전류계 → 병렬 연결

ㄷ 부하와 전류계 → 직렬 연결

③ 전압, 전류 측정 방법

구분	부하와 접속	측정 범위 확대
전압계	병렬 연결	배율기 : 전압계와 직렬 연결
전류계	직렬 연결	분류기 : 전류계와 병렬 연결

(3) 휘트스톤 브리지 회로

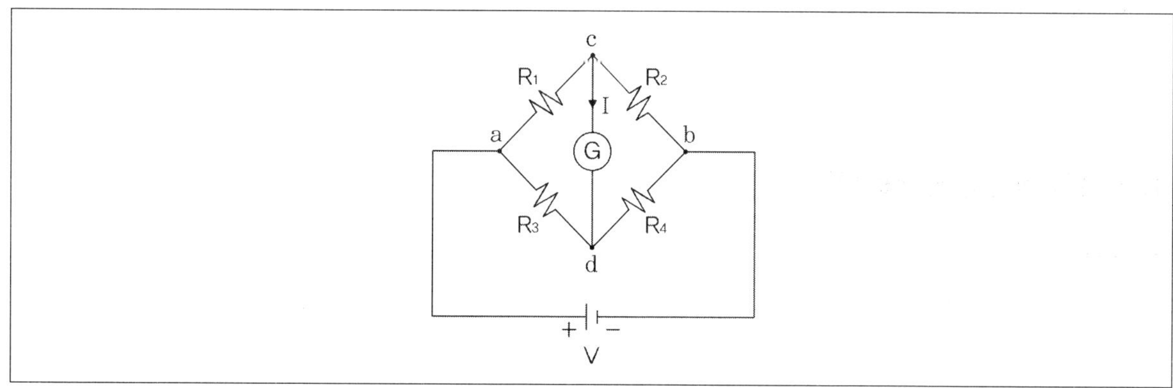

① 브리지 평형조건 : $R_1 R_4 = R_2 R_3$(대각선 곱)

② c점의 전위와 d점의 전위가 같아 검류계ⓖ에 I(전류)가 흐르지 않는다.

(4) 패러데이의 법칙(전기분해)

① 전기분해를 통해 석출되는 물질의 양[W]은 전기량[Q]와 화학당량[k]에 비례한다.

② $W = kQ = kIt \, [g]$

(5) 전지의 종류

구분	1차전지		2차전지
	볼타전지	망간전지	납축전지
양극제	Cu(구리) ※ 수소기체 발생→ 분극 현상	C(탄소막대)	PbO_2(이산화납)
음극제	Zn(아연) ※ Zn++으로 이온화되어 묽은 황산에 용해됨	Zn(아연)	Pb(납)
전해액	H_2SO_4(묽은 황산)	NH_4Cl(염화암모늄)	H_2SO_4(묽은 황산) ※ 비중 1.2 ~ 1.3

(6) 열전 효과

① **톰슨 효과** : 동일 금속 도선의 두 지점 간에 온도차를 주고 고온에서 저온으로 전류를 흘리면 전류 방향에 따라 도선 속에서 열이 발생하거나 흡수되는 현상이다.

② **제벅 효과** : 종류가 다른 두 금속을 접합하여 폐회로를 만들고 두 접합점의 온도를 다르게 하면 이 폐회로에 기전력이 발생하여 전류가 흐르게 되는 현상이다.

③ **펠티에 효과** : 서로 다른 금속을 연결하여 폐회로를 만들고 폐회로에 전류가 흐르면 연결점에서 열이 발생하거나 흡수되는 현상이다.

3. 전기의 성질과 전하에 의한 자기장

(1) 대전

중성이던 물체가 전자를 잃거나 얻어 양(+) 또는 음(−)의 전하를 띠게 되는 현상이다.

(2) 쿨롱의 법칙(정전력)

① 정전력은 전하량 곱에 비례하고, 거리의 제곱에 반비례한다.

② $F = \dfrac{Q_1 Q_2}{4\pi \varepsilon_0 r^2} = 9 \times 10^9 \times \dfrac{Q_1 Q_2}{r^2} \, [N]$

(3) 유전율

① $\varepsilon = \varepsilon_0 \varepsilon_r [F/m]$

② 진공 · 공기의 유전율 $\varepsilon_0 = 8.855 \times 10^{-12} [F/m]$

③ 비유전율 ε_r(진공 · 공기일 때 1)

(4) 전계(전기장, 전장)

① 정전력과 전계의 관계 : $F = QE[N] \rightarrow E = \dfrac{F}{Q}[N/C]$

② 점전하와 전계의 관계 : $E = \dfrac{Q}{4\pi\varepsilon r^2} = 9 \times 10^9 \times \dfrac{Q}{r^2}[V/m]$

(5) 전위(전기적인 위치 에너지)

$$V = Er = \frac{Q}{4\pi\varepsilon_0 r} = 9 \times 10^9 \times \frac{Q}{r}[V]$$

(6) 전기력선의 성질

① 서로 교차하지 않는다.
② 양전하($+$)에서 시작하여 음전하($-$)로 들어간다.
③ 밀도는 전기장의 세기(전계의 세기)와 같다.
④ 등전위면과 수직($90°$)으로 교차한다.
⑤ 전위가 높은 곳에서 낮은 곳으로 향한다.
⑥ 도체의 내부에는 존재하지 않는다.
⑦ 접선 방향은 전기장의 방향을 나타낸다.

(7) 전기력선의 총수 및 전속 총수

① 전기력선의 총수 : $\dfrac{Q}{\varepsilon_0 \varepsilon_S}$ 개

② 전속 총수 : $Q[C]$

플러스TIP 전속 밀도 $\cdots D = \dfrac{Q}{A} = \dfrac{Q}{4\pi r^2} = \varepsilon E = \varepsilon_0 \varepsilon_S E[C/m^2]$

⑻ **콘덴서**

① 축적된 전하량 : $Q = CV [C]$

② 전압 : $V = \dfrac{Q}{C} [V]$

③ 평행판 콘덴서의 정전용량 : $C = \dfrac{Q}{V} = \varepsilon \dfrac{A}{d} = \dfrac{\varepsilon_0 \varepsilon_S A}{d} [F]$

④ 콘덴서에 축적되는 에너지 : $W = \dfrac{1}{2} QV = \dfrac{1}{2} CV^2 = \dfrac{Q^2}{2C} [J]$

⑼ **콘데서 접속**

① 직렬접속 시 합성 정전용량 : $C_{직렬} = \dfrac{1}{\dfrac{1}{C_1} + \dfrac{1}{C_2}} = \dfrac{C_1 C_2}{C_1 + C_2} [F]$

② 병렬접속 시 합성 정전용량 : $C_{병렬} = C_1 + C_2 [F]$

⑽ **콘데서 종류**

① 마이카 콘덴서 : 극성이 없으며 절연저항이 뛰어나고 안정적인 표준형 콘덴서이다.

② 전해 콘덴서 : 용량이 작고 극성이 있으며, 직류에만 사용한다.

③ 탄탈 콘덴서

   ㄱ 극성이 있고, 누설전류와 온도에 의한 용량 변화가 적다.

   ㄴ 주파수 특성이 뛰어나다.

   ㄷ 직류용으로 사용한다.

④ 가변 콘덴서 : 용량을 조절할 수 있고, 교류에서만 쓰이며, 바리콘이라고도 불린다.

⑤ 세라믹 콘덴서

   ㄱ 극성이 없고 교류에서 사용한다.

   ㄴ 작고 저렴하며 효율이 좋다.

⑥ 마일러 콘덴서 : 필름을 원통 형태로 감아 제작되며 절연저항이 양호하다.

4. 자기의 성질과 전류에 의한 자기장

(1) 쿨롱의 법칙(자기력)

① 자기력은 두 자하의 곱에 비례하고, 거리의 제곱에 반비례한다.

② $F = \dfrac{m_1 m_2}{4\pi \mu_0 r^2} = 6.33 \times 10^4 \times \dfrac{m_1 m_2}{r^2} [N]$

[플러스TIP] 자하(자극의 세기) … $m[wb]$

(2) 투자율

① $\mu = \mu_0 \mu_s [H/m]$

② 진공 · 공기의 투자율 : $\mu_0 = 4\pi \times 10^{-7} [H/m]$

③ 비투자율 : μ_s (진공 · 공기일 때 1)

(3) 자계(자기장, 자장)

① 자기력과 자계의 관계 $F = mH[N] \ \rightarrow \ H = \dfrac{F}{m} [N/wb]$

② 점자하와 자계의 관계 $H = \dfrac{m}{4\pi \mu r^2} = 6.33 \times 10^4 \times \dfrac{m}{r^2} [AT/m]$

(4) 자기력선의 성질

① 자기력선은 폐곡선이나.
② 자기력선의 밀도는 자계의 세기와 비례한다.
③ 자기력선은 서로 교차하지 않는다.
④ 자기력선은 외부에서는 N → S, 내부에서는 S → N으로 이어져 완전한 루프를 형성한다.

(5) 자기력선의 총수 및 자속 밀도

① 자기력선의 총수 : $\dfrac{m}{\mu_0 \mu_S}$ 개

② 자속밀도 : $B = \dfrac{\phi}{A} = \mu H = \mu_0 \mu_s H [Wb/m^2]$

[플러스TIP] 자속 … 자속 $\phi = BA[Wb]$ (B : 자속밀도, A : 단면적)

(5) 자위(자기적인 위치 에너지)

$$U = Hr = \frac{m}{4\pi\mu r} = 6.33 \times 10^4 \times \frac{m}{r}\,[AT]$$

(6) 전류에 의한 자기장 정의식

① 직선도체 : $H = \dfrac{I}{2\pi r}\,[AT/m]$ $(r : 거리[m])$

② 원형 코일 : $H = \dfrac{NI}{2r}\,[AT/m]$ $(N : 권수[회],\ r : 거리[m])$

③ 환상 솔레노이드 : $H = \dfrac{NI}{l} = \dfrac{NI}{2\pi r}\,[AT/m]$

④ 무한장 솔레노이드 : $H = \dfrac{NI}{l} = nI\,[AT/m]$ $(l : 솔레노이드의\ 길이[m],\ N : 권수[회])$

⑤ 솔레노이드 외부 자계 : $H = 0$

(7) 자계에 관한 법칙

① 앙페르의 오른나사 법칙 : 도체에 전류가 흐를 때, 오른나사 방향으로 자기장이 형성되는 법칙이다.

② 비오-사바르의 법칙

   ㉠ 전류에 의해 발생하는 자기장의 세기(크기)를 계산하는 법칙이다.

   ㉡ $\triangle H = \dfrac{I \triangle l sin\theta}{4\pi r^2}\,[AT/m]$

③ 플레밍의 오른손 법칙(발전기의 원리)

   ㉠ 발전기에서 유도기전력(또는 유도전류)의 방향을 판정하는 법칙으로, 도체가 자기장 속을 이동할 때 생기는 전압의 방향을 엄지 · 검지 · 중지로 나타내어 결정한다.

   ㉡ 기전력 : $e = vBlsin\theta\,[V]$ (엄지 : 운동v, 검지 : 자기장B, 중지 : 유도기전력e)

(8) 자기회로

① 기자력

   ㉠ 자속이 연속적으로 흐를 수 있도록 하는 힘이다.

   ㉡ $F = NI = R_m \phi\,[AT]$

② 자기저항 : $R_m = \dfrac{F}{\phi} = \dfrac{NI}{\phi} = \dfrac{l}{\mu A}\,[AT/wb]$

(9) 자기회로와 전기회로 대응 관계

자기회로		전기회로	
자속	$\phi = \dfrac{F}{R_m}[Wb]$	전류	$I = \dfrac{E}{R}[A]$
자기저항	$R_m = \dfrac{l}{\mu A}[AT/Wb]$	저항	$R = \rho\dfrac{l}{A}[\Omega]$
기자력	$F = NI = R_m\phi[AT]$	기전력	$E = IR[V]$
투자율	$\mu[H/m]$	도전율	$\sigma[\mho/m]$
자속밀도	$B = \dfrac{\phi}{A}[Wb/m^2]$	전류밀도	$i = \dfrac{I}{A}[A/m^2]$

(10) 자성체의 종류

구분	비투자율	종류
강자성체	$\mu_s \gg 1$	철, 니켈, 망간, 코발트
상자성체	$\mu_s > 1$	산소, 공기, 백금, 알루미늄
반자성체(역자성체)	$0 < \mu_s < 1$	은, 아연, 구리, 납, 안티몬, 비스무트, 물

(11) 자석의 성질

① 자석은 계속 잘라도 항상 N극과 S극이 한 쌍으로 존재한다.

② 같은 극끼리는 척력이, 다른 극끼리는 흡인력이 작용한다.

③ 자석은 N극에서 나와 S극으로 들어간다.

④ 자석은 임계온도(퀴리온도)에 도달하면 자석의 성질이 사라진다.

(12) 자석의 종류

① **영구자석** : 잔류자기와 보자력, 루프면적이 모두 크다.

② **전자석** : 잔류자기는 크고 보자력은 작다.

(13) 히스테리시스 곡선

① **종축** : 자속밀도(B)

② **종축과 만나는 점** : 잔류자기

③ **횡축** : 자계(H)

④ **횡축과 만나는 점** : 보자력

5. 전자력과 전자유도

(1) 전자력

① 플레밍의 왼손 법칙(전동기의 원리)

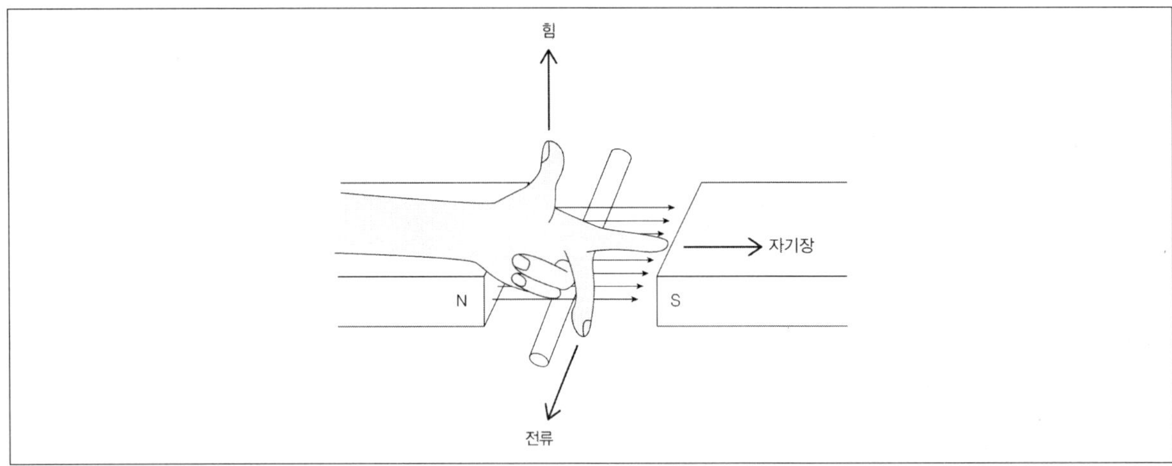

　㉠ 전동기(모터)에서 도체가 받는 힘의 방향을 판정하는 법칙이다.

　㉡ 전류가 흐르는 도체가 자기장 속에 있을 때 도체가 어느 방향으로 힘(자기력)을 받는지 알려준다. 이 법칙은 모터의 회전 방향 결정에 사용된다.

　㉢ 전자력 : $F = IBlsin\theta\,[N]$ (엄지 : 힘 F, 검지 : 자기장 B, 중지 : 전류 I)

② 평행 도체 전류 사이에 작용하는 힘

　㉠ $\dfrac{F}{l} = \dfrac{2I_1I_2}{r} \times 10^{-7}\,[N/m]$ (도선 길이 $l\,[m]$, 도선 사이 거리 $r\,[m]$)

　㉡ 전류 같은 방향 : 흡인력

　㉢ 전류 반대 방향(왕복 도선) : 반발력

(2) 전자유도

① 패러데이 법칙

　㉠ 유도기전력의 크기를 정의하는 법칙이다.

　㉡ 유도전압은 단위시간 동안 코일을 지나는 자속의 변화량과 코일의 권수에 비례하여 발생한다.

　㉢ $e = N\dfrac{\Delta\phi}{\Delta t} = L\dfrac{\Delta I}{\Delta t}\,[V]$

　㉣ $N\phi = LI$ (N : 권선수, L : 인덕턴스(코일), $\Delta\phi$: 자속의 변화량, ΔI : 전류의 변화량, Δt : 시간의 변화량, e : 유도기전력)

② 렌츠의 법칙

　㉠ 유도기전력의 방향을 정의한 법칙이다.

　㉡ 자석을 움직여 코일의 자기선속이 변할 때 유도기전력은 그 자속 변화를 방해하는 방향으로 생긴다($-$는 방해하는 방향을 의미한다).

　㉢ $e = -N\dfrac{\triangle\phi}{\triangle t} = -L\dfrac{\triangle I}{\triangle t}[V]$

(3) 자기 인덕턴스(L)

$$L = \frac{N\phi}{I} = \frac{\mu A N^2}{l}[H]$$

(4) 상호 인덕턴스(M)와 결합계수(k)

㉠ $M = k\sqrt{L_1 L_2}[H]$

㉡ $k = \dfrac{M}{\sqrt{L_1 L_2}}$　$(0 \leq k \leq 1,$ 누설 자속 없을 시 k=1, 완전 누설 시 k=0$)$

(5) 코일 접속 합성 인덕턴스

㉠ 가동접속(인덕턴스의 방향이 같을 때) : $L_0 = L_1 + L_2 + 2M[H]$

㉡ 차동접속(인덕턴스의 방향이 다를 때) : $L_0 = L_1 + L_2 - 2M[H]$

(5) 코일에 축적되는 자계에너지

$$W = \frac{1}{2}LI^2 = \frac{1}{2}N\phi I[J]$$

6. 교류회로

(1) 주기

① 한 사이클을 완성하는 데 소요되는 시간이다.

② $T = \dfrac{1}{f}[\sec]$

(2) 주파수

① 1초 동안 파동이 반복되는 횟수이다.

② $f = \dfrac{1}{T}[Hz]$

(3) 각속도

$$\omega = \dfrac{2\pi}{T} = 2\pi f\,[rad/\sec]$$

(4) 기본 정현파의 크기 표시법

① 순시값

　㉠ 교류에서 시간의 흐름에 따라 매 순간 변화하는 전압과 전류의 값이다.

　㉡ $v(t) = V_m \sin(\omega t + \theta) = V\sqrt{2}\,\sin(2\pi ft + \theta)$

② 실횻값

　㉠ 교류에서 실제로 사용되는 전압과 전류의 대푯값이다.

　㉡ $V = \dfrac{V_m}{\sqrt{2}} = 0.707\,V_m = 1.11\,V_{av}$

③ 평균값

　㉠ 교류에서 반주기에 대한 전압과 전류의 평균 크기이다.

　㉡ $V_{av} = \dfrac{2}{\pi}V_m = 0.637\,V_m = 0.9\,V$

④ 파고율 : $\dfrac{\text{최대값}}{\text{실횻값}}$ (정현파 : $\sqrt{2} \fallingdotseq 1.414$)

⑤ 파형률 : $\dfrac{\text{실횻값}}{\text{평균값}}$ (정현파 : 1.111)

파형	최댓값	실횻값	평균값	파형률	파고율
정현파	V_m	$\dfrac{V_m}{\sqrt{2}}$	$\dfrac{2V_m}{\pi}$	1.111	$1.414(\sqrt{2})$
반파정현파	V_m	$\dfrac{V_m}{2}$	$\dfrac{V_m}{\pi}$	1.571	2
구형파	V_m	V_m	V_m	1	1
반파구형파	V_m	$\dfrac{V_m}{\sqrt{2}}$	$\dfrac{V_m}{2}$	$1.414(\sqrt{2})$	$1.414(\sqrt{2})$
톱니파 · 삼각파	V_m	$\dfrac{V_m}{\sqrt{3}}$	$\dfrac{V_m}{2}$	1.155	$1.732(\sqrt{3})$

(5) 교류의 R–L–C회로

① 교류회로 : $V = IZ[\Omega]$

② 임피던스 : Z

③ 교류에서 전류의 흐름을 방해하는 성질이다(저항과 유도성 · 용량성 리액턴스).

④ 저항(R)만의 회로

   ㉠ R$[\Omega]$

   ㉡ 전류(I)와 전압(V)은 위상차가 $0˚$(동상)이다.

⑤ 코일 = 인덕턴스(L)만의 회로

   ㉠ 유도성 리액턴스 : $X_L = \omega L = 2\pi f L[\Omega]$

   ㉡ 전류(I)가 전압(V)보다 $90˚$ 뒤쳐진다(지상).

⑥ 콘덴서 = 커패시턴스(C)만의 회로

   ㉠ 용량성 리액턴스 : $X_C = \dfrac{1}{\omega C} = \dfrac{1}{2\pi f C}[\Omega]$

   ㉡ 전류(I)가 전압(V)보다 $90˚$ 앞선다(진상).

⑦ 복소수

   ㉠ 실수와 허수로 이루어진 벡터량이다.

   ㉡ $Z = R(실수) + jX(허수)$

   ㉢ 크기 : $|Z| = \sqrt{R^2 + X^2}$

   ㉣ 위상 : $\theta = \tan^{-1}\dfrac{X}{R}$

(6) R–L 직렬회로

① 전류(I)가 전압(V)보다 θ 만큼 뒤쳐진다(지상, 유도성).

② 합성 임피던스 : $Z = R + jX_L = \sqrt{R^2 + X_L^2}\,[\Omega]$

③ 역률 : $\cos\theta = \dfrac{R}{Z} = \dfrac{R}{\sqrt{R^2 + X_L^2}} = \dfrac{R}{\sqrt{R^2 + (wL)^2}}$

④ 위상차 : $\theta = \tan^{-1}\left(\dfrac{X_L}{R}\right) = \tan^{-1}\left(\dfrac{\omega L}{R}\right)$

(7) R–C 직렬회로

① 전류(I)가 전압(V)보다 θ 만큼 앞선다(진상, 용량성).

② 합성 임피던스 : $Z = R - jX_C = \sqrt{R^2 + X_C^2}\,[\Omega]$

③ 역률 : $\cos\theta = \dfrac{R}{Z} = \dfrac{R}{\sqrt{R^2 + X_C^2}}$

④ 위상차 $\theta = \tan^{-1}\left(\dfrac{X_C}{R}\right) = \tan^{-1}\left(\dfrac{1}{\omega CR}\right)$

(8) R–L–C 직렬회로

① 합성 임피던스 : $Z = R + j(X_L - X_C) = \sqrt{R^2 + (X_L - X_C)^2}\,[\Omega]$

② 역률 : $\cos\theta = \dfrac{R}{Z} = \dfrac{R}{\sqrt{R^2 + X^2}} = \dfrac{R}{\sqrt{R^2 + (X_L - X_C)^2}}$

③ 위상차 : $\theta = \tan^{-1}\left(\dfrac{X}{R}\right) = \tan^{-1}\left(\dfrac{X_L - X_C}{R}\right)$

④ 직렬공진 : $X_L = X_C\left(\omega L = \dfrac{1}{\omega C}\right)$일 때 임피던스가 최소, 전체 전류는 최대가 된다.

⑤ 공진 주파수 : $f_0 = \dfrac{1}{2\pi\sqrt{LC}}\,[Hz]$

⑥ 공진 각주파수 : $\omega_0 = \dfrac{1}{\sqrt{LC}}$

⑦ 컨덕턴스 : $G[\mho] = \dfrac{1}{R[\Omega]}$

⑧ 서셉턴스 : $B[\mho]=\dfrac{1}{X[\Omega]}$

⑨ 어드미턴스 : $Y[\mho]=\dfrac{1}{Z[\Omega]}=G+jB[\mho]$

⑼ 교류전력 용어

① 유효전력(P)

　㉠ 교류회로의 부하에서 실제로 일을 하는 전력을 말한다.

　㉡ $P=VI\cos\theta=I^2R=\dfrac{V^2}{R}[W]$

② 무효전력(P_r)

　㉠ 교류회로에서 아무 일도 하지 않는 전력을 말한다.

　㉡ $P_r=VI\sin\theta=I^2X=\dfrac{V^2}{X}[VAR]$

③ 피상전력(P_a)

　㉠ 유효전력과 무효전력의 벡터합이다.

　㉡ $P_a=VI=I^2Z=\dfrac{V^2}{Z}=\sqrt{P^2+P_r^2}\,[VA]$

④ 역률(유효율) : $\cos\theta=\dfrac{P}{P_a}$

⑤ 무효율 : $\sin\theta=\dfrac{P_r}{P_a}$

⑽ 대칭 3상 교류회로

① 대칭 3상 교류 조건

　㉠ 기전력의 크기 및 주파수가 같을 것

　㉡ 각 상의 위상차가 $120°$일 것

　㉢ 파형이 같을 것

② Y결선(성형결선)

　㉠ $I_l=I_p$

　㉡ $V_l=\sqrt{3}\,V_p\angle\,30°$

　㉢ 선간전압(V_l)이 상전압(V_p)보다 $30°$ 앞선다.

③ △결선(델타결선)

 ㉠ $V_l = V_p$

 ㉡ $I_l = \sqrt{3}\,I_{p\angle} -30°10$

 ㉢ 선전류(I_l)가 상전류(I_p)보다 $30°$ 뒤쳐진다.

④ 3상 회로 임피던스 변환

 ㉠ $Y \to \triangle$ 변환 : $Z_\triangle = 3Z_Y$

 ㉡ $\triangle \to Y$ 변환 : $Z_Y = \dfrac{1}{3}Z_\triangle$

⑾ 3상 전력(단상 전력의 3배)

① 유효전력 : $P = \sqrt{3}\,V_l I_l \cos\theta = 3V_p I_p \cos\theta\,[W]$

② 무효전력 : $P_r = \sqrt{3}\,V_l I_l \sin\theta = 3V_p I_p \sin\theta\,[Var]$

③ 피상전력 : $P_a = 3V_p I_p = \sqrt{3}\,V_l I_l\,[VA]$

⑿ 2전력계법의 3상 유효전력

$P = P_1 + P_2\,[W]$

⒀ 비정현파

① 정현파를 제외한 모든 파형을 의미한다.

② 비정현파는 직류분, 기본파, 고조파로 이루어져 있다.

③ 비정현파는 푸리에 급수(비정현파를 여러 개의 정현파의 합으로 표시한 식) 방식을 이용하여 분석할 수 있다.

⒁ 비정현파의 실횻값 및 왜형률

① 비정현파의 실횻값

 ㉠ 각 고조파 실횻값의 제곱의 합에 대한 제곱근으로 나타낸다.

 ㉡ $V = \sqrt{V_0^2 + V_1^2 + V_2^2 + V_3^2 + \dots}$

② 왜형률 : $\dfrac{\text{각 고조파의 실횻값}}{\text{기본파의 실횻값}} \times 100 = \dfrac{\sqrt{V_2^2 + V_3^2 + V_4^2 + \dots \; V_n^2}}{V_1} \times 100\,[\%]$

02 전기기기

1. 변압기

(1) 변압기의 원리 및 철심

① 원리 : 1차 코일의 교류로 생긴 교번 자속이 2차 코일과 쇄교하여 전자유도 작용으로 유도기전력을 발생시키는 기기이다.

② 변압기의 철심

    ㉠ 규소강판을 성층한 철심을 사용한다(철손 감소).

    ㉡ 규소강판 : 히스테리시스손 감소(규소 함유량 $4 \sim 4.5[\%]$)

    ㉢ 성층철심 : 와류손(맴돌이전류손) 감소(두께 $0.35 \sim 0.5[mm]$)

(2) 변압기유(절연유) 구비조건

① 절연내력이 클 것

② 비열이 크고 냉각 효과가 클 것

③ 인화점이 높고 응고점은 낮을 것

④ 고온에서도 산화되지 않을 것

⑤ 절연재료와 화학작용을 일으키지 않을 것

⑥ 점도가 낮고 유동성이 클 것

⑦ 열전도율이 클 것

⑧ 수분을 거의 포함하지 않을 것

(3) 변압기유 열화 방지 대책

① 브리더

② 질소 봉입

③ 콘서베이터

(4) 변압기 내부고장 보호

① 부흐홀츠 계전기

    ㉠ 변압기 내부 고장 시 가스 발생과 기름 흐름 변화를 감지해 경보와 차단을 시켜주는 기계적 보호계전기이다.

    ㉡ 절연유를 사용하는 유입변압기 본체(주탱크)와 콘서베이터를 연결하는 파이프 중간에 설치한다.

② 비율차동 계전기

    ㉠ 변압기, 발전기의 내부 고장을 보호하기 위한 계전기이다.

    ㉡ 입력전류와 출력전류의 벡터 차이를 비교해 그 차이가 설정 비율 이상일 경우 내부 고장으로 판단해 동작한다.

⑸ 유기기전력

$$E = 4.44fN\phi_m\,[V]$$

⑹ 변압기의 권수비

$$a = \frac{N_1}{N_2} = \frac{V_1}{V_2} = \frac{I_2}{I_1} = \sqrt{\frac{Z_1}{Z_2}} = \sqrt{\frac{R_1}{R_2}} = \sqrt{\frac{X_1}{X_2}}$$

⑺ 등가회로 작성시험

① 무부하시험 : 철손, 여자전류, 여자 어드미턴스

② 단락 시험 : 동손, 단락전류, 임피턴스, 전압변동률

③ 저항측정시험

⑻ 변압기의 전압변동률

$\varepsilon = p\cos\theta + q\sin\theta\,[\%]$ (p : 퍼센트 저항 강하[%], q : 퍼센트 리액턴스 강하[%], $\cos\theta$: 역률, $\sin\theta$: 무효율)

⑼ 변압기의 극성 및 결선

① 변압기 극성

    ㉠ 우리나라는 감극성을 표준으로 사용한다.

    ㉡ 1차와 2차 권선에 유기되는 전압의 극성이 서로 반대 방향이면 감극성이다.

    ㉢ 3상 결선 또는 병렬 운전 시 극성을 고려해야 한다.

    ㉣ 변압기 극성시험은 직류와 교류 전압 모두 사용 가능하다.

② △-△결선

    ㉠ 단상 변압기 3대 중 1대 고장 시 2대로 V결선하여 송전이 가능하다.

    ㉡ 중성점 접지가 불가능해 지락사고 발생 시 보호가 곤란하다.

    ㉢ 제3고조파가 △결선 내를 순환하여 통신선에 유도장해 위험이 없다.

③ Y-Y결선

    ㉠ 절연이 용이하다.

    ㉡ 중성점 접지가 가능하다.

    ㉢ 제3고조파가 발생한다.

    ㉣ 불평형 부하에 약하다

④ 기타 결선

    ㉠ 승압(저전압 → 고전압) : $\triangle - Y$결선

    ㉡ 강압(고전압 → 저전압) : $Y - \triangle$결선

⑽ 변압기 V결선

① 단상 변압기 2대로 3상 전력을 공급한다.

② 부하 증가가 예상되는 지역에 시설한다.

③ 변압기 1대 고장 시 응급 운전에 사용된다.

④ V결선의 출력비는 57.7[%]이다.

⑤ V결선의 이용률은 86.6[%]이다.

    ㉠ V결선의 출력 : $P_V = \sqrt{3}\,P_1[VA]$

    ㉡ V결선의 출력비 $= \dfrac{\sqrt{3}\,P_1}{3P_1} \times 100 = \dfrac{\sqrt{3}}{3} \times 100 = 57.7[\%]$

    ㉢ V결선의 이용률 $= \dfrac{\sqrt{3}\,P}{2P} \times 100 = \dfrac{\sqrt{3}}{2} \times 100 = 86.6[\%]$

⑾ 3상 변압기의 병렬운전 조건

① 극성이 동일할 것

② 1차와 2차의 정격전압과 권수비가 동일할 것

③ $\%Z$(임피던스)강하가 동일할 것

④ 내부저항과 누설리액턴스의 비가 동일할 것

⑤ 상회전 방향과 위상이 동일할 것

⑿ 변압기의 병렬운전 결선 조합

병렬운전 가능	병렬운전 불가능
$\triangle - \triangle$와 $\triangle - \triangle$ $Y - Y$와 $Y - Y$ $\triangle - \triangle$와 $Y - Y$ $\triangle - Y$와 $\triangle - Y$ $Y - \triangle$와 $Y - \triangle$ $V - V$와 $V - V$	$\triangle - \triangle$와 $\triangle - Y$ $Y - Y$와 $\triangle - Y$

2. 직류기

(1) 직류발전기

① 직류기의 구성요소

    ㉠ 계자 : 자속을 만드는 부분이다.

    ㉡ 전기자 : 자속을 끊어 유기 기전력을 발생시킨다.

    ㉢ 정류자 : 교류를 직류로 변환시킨다.

    ㉣ 브러쉬 : 정류자에 맞닿아 있으며, 직류 기전력을 외부로 인출한다.

    ㉤ 공극 : 계자에서 발생한 자속을 전기자에 골고루 분포한다.

    플러스TIP⁺ 직류기 3대 요소 … 계자, 전기자, 정류자

② 직류 발전기의 전기자권선법

    ㉠ 종류 : 고상권, 폐로권, 이층권, 중권, 파권

구분	중권(병렬권)	파권(직렬권)
병렬 회로수(a)	$a = p$(극수) $a = mp$(다중일 경우)	$a = 2$
용도	저전압, 대전류	고전압, 소전류
균압환	필요 O (4극 이상일 경우)	필요 X

    ㉡ 균압환 : 직류기의 전기자권선법이 중권일 때, 등전위 점을 연결하여 전압 불균형을 개선하고 브러시의 불꽃 발생 억제 및 운전 효율을 높여준다.

③ 유기기전력 : $E = \dfrac{pZ}{60a}\phi N = K\phi N [V]$ (p : 극수, a : 병렬 회로수, Z : 도체수, ϕ : 자속수$[wb]$, N : 1분당 회전수$[rpm]$)

④ 전기자 반작용 및 발전기 부하별 전기자 반작용

    ㉠ 전기자 반작용 : 전기자에 흐르는 전류로 인해 발생한 자속이 계자의 주자속에 영향을 주는 현상이다.

전기자 반작용 영향	발전기	전동기
중성축의 이동방향	회전 방향	회전 반대 방향
주자속(ϕ)의 감소	유기기전력 감소	유기기전력 및 토크 감소, 회전속도 증가

    ㉡ 발전기 부하별 전기자 반작용

부하 종류	위상 관계	주요 현상(전기가 반작용)
R 부하(저항성)	전류와 전압이 동상	교차자화작용(편자작용) : 자속의 분포가 편중됨
L 부하(유도성)	전류가 90° 뒤처짐	감자작용 : 주자속을 감소시킴
C 부하(용량성)	전류가 90° 앞섬	증자작용 : 주자속을 증가시킴

⑤ 전기자 반작용 방지 대책

    ㉠ 전기자권선의 전류 방향과 반대로 보상권선을 설치한다(가장 좋은 대책).

    ㉡ 중성축을 이동한다.

    ㉢ 보극을 설치한다.

⑥ 전압변동률 $\varepsilon = \dfrac{V_0 - V_n}{V_n} \times 100 [\%]$

⑦ 발전기의 종류

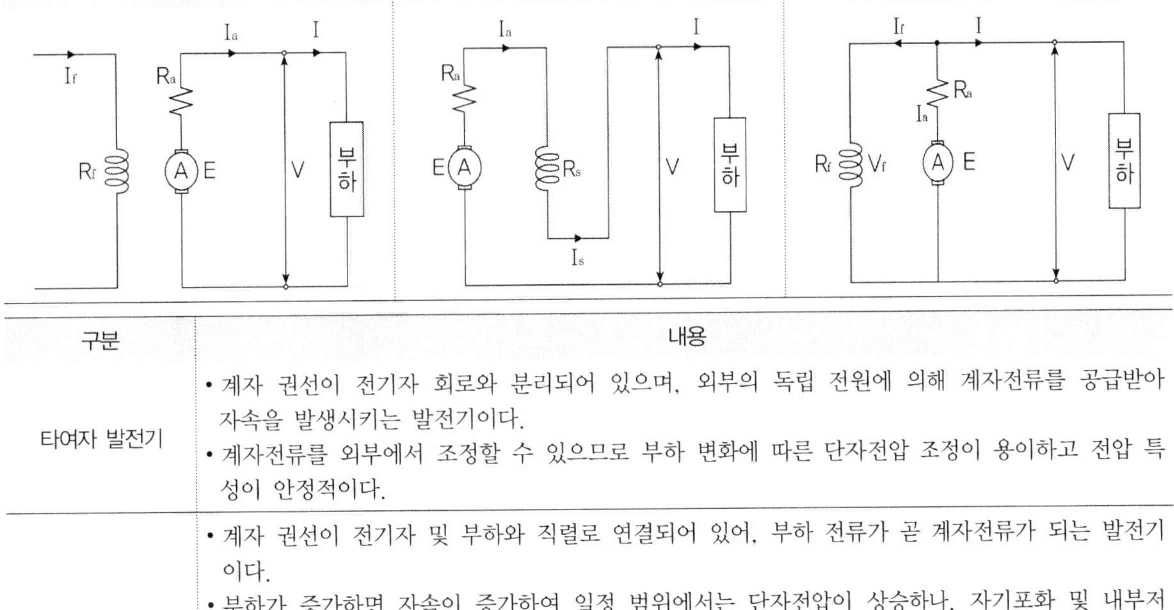

구분	내용
타여자 발전기	• 계자 권선이 전기자 회로와 분리되어 있으며, 외부의 독립 전원에 의해 계자전류를 공급받아 자속을 발생시키는 발전기이다. • 계자전류를 외부에서 조정할 수 있으므로 부하 변화에 따른 단자전압 조정이 용이하고 전압 특성이 안정적이다.
직권발전기	• 계자 권선이 전기자 및 부하와 직렬로 연결되어 있어, 부하 전류가 곧 계자전류가 되는 발전기이다. • 부하가 증가하면 자속이 증가하여 일정 범위에서는 단자전압이 상승하나, 자기포화 및 내부저항에 의한 전압강하로 전압 변동이 크다. • 무부하 시에는 계자전류가 거의 흐르지 않아 전압 확립이 곤란하므로 정전압이 요구되는 용도에는 부적합하다.
분권발전기	• 계자 권선이 전기자와 병렬로 연결된 발전기로, 잔류자기에 의해 스스로 전압을 만들어낸다. • 부하가 변하여도 단자전압 변동이 비교적 작아 비교적 정전압 특성을 가진다.

⑧ 발전기의 병렬운전 조건

    ㉠ 극성이 동일할 것

    ㉡ 각 발전기의 단자전압이 동일할 것

    ㉢ 외부 특성 곡선이 약간의 수하특성을 가질 것

    ㉣ 부하전류 분담 시 용량에 비례할 것

⑵ 직류전동기

① 역기전력 : $E = V - I_a R_a\,[V]$

② 기계적출력 : $P_o = EI_a\,[W]$

③ 직류전동기의 종류

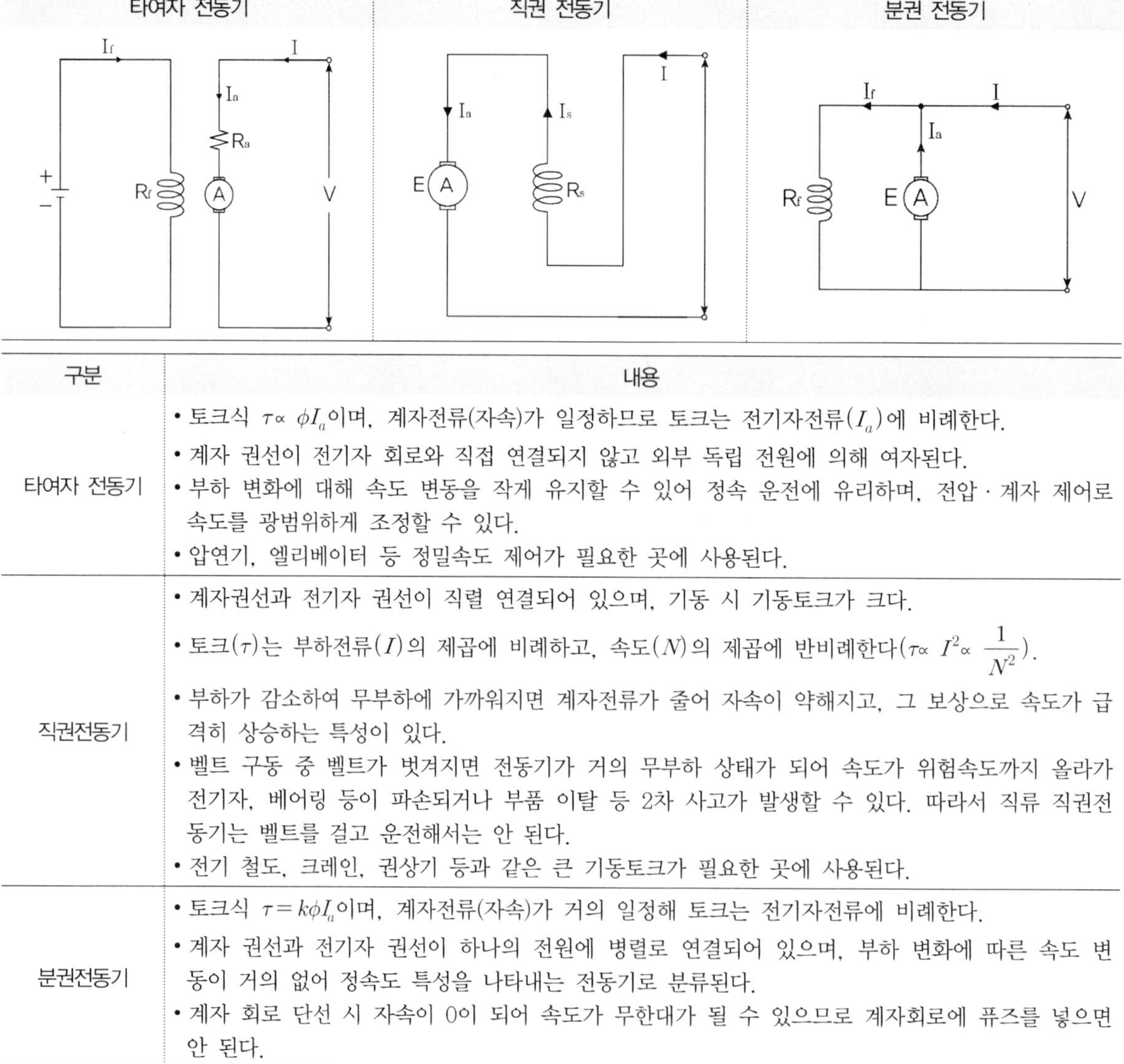

구분	내용
타여자 전동기	• 토크식 $\tau \propto \phi I_a$이며, 계자전류(자속)가 일정하므로 토크는 전기자전류(I_a)에 비례한다. • 계자 권선이 전기자 회로와 직접 연결되지 않고 외부 독립 전원에 의해 여자된다. • 부하 변화에 대해 속도 변동을 작게 유지할 수 있어 정속 운전에 유리하며, 전압 · 계자 제어로 속도를 광범위하게 조정할 수 있다. • 압연기, 엘리베이터 등 정밀속도 제어가 필요한 곳에 사용된다.
직권전동기	• 계자권선과 전기자 권선이 직렬 연결되어 있으며, 기동 시 기동토크가 크다. • 토크(τ)는 부하전류(I)의 제곱에 비례하고, 속도(N)의 제곱에 반비례한다($\tau \propto I^2 \propto \dfrac{1}{N^2}$). • 부하가 감소하여 무부하에 가까워지면 계자전류가 줄어 자속이 약해지고, 그 보상으로 속도가 급격히 상승하는 특성이 있다. • 벨트 구동 중 벨트가 벗겨지면 전동기가 거의 무부하 상태가 되어 속도가 위험속도까지 올라가 전기자, 베어링 등이 파손되거나 부품 이탈 등 2차 사고가 발생할 수 있다. 따라서 직류 직권전동기는 벨트를 걸고 운전해서는 안 된다. • 전기 철도, 크레인, 권상기 등과 같은 큰 기동토크가 필요한 곳에 사용된다.
분권전동기	• 토크식 $\tau = k\phi I_a$이며, 계자전류(자속)가 거의 일정해 토크는 전기자전류에 비례한다. • 계자 권선과 전기자 권선이 하나의 전원에 병렬로 연결되어 있으며, 부하 변화에 따른 속도 변동이 거의 없어 정속도 특성을 나타내는 전동기로 분류된다. • 계자 회로 단선 시 자속이 0이 되어 속도가 무한대가 될 수 있으므로 계자회로에 퓨즈를 넣으면 안 된다.

④ **직류전동기의 속도제어법** : 전압제어법, 저항제어법, 계자제어법

⑤ **직류전동기의 제동법**

　㉠ **역상제동(플러깅)** : 유도전동기의 3상 전원 중 2상의 접속을 바꿔 회전 방향과 반대 방향의 제동 토크를 발생시켜 급제동시키는 방식이다.

    ⓛ 발전제동 : 전동기를 발전기 상태로 동작시켜 운동에너지를 전기에너지로 변환하고, 발생한 전력을 제동용 저항에 열로 소비함으로써 제동하는 방식이다.

    ⓒ 회생제동 : 전동기를 발전기처럼 동작시켜 운동에너지를 전기에너지로 변환하고, 발생한 전력을 전원 측으로 반환하여 재사용하는 방식이다.

⑥ 손실

구분	내용
무부하손(고정손)	• 철손(P_i) : 히스테리시스손, 와류손 • 기계손(P_m) : 마찰손, 풍손
부하손(가변손)	• 동손(1,2차 구리손) • 표유부하손 : 철손, 기계손, 동손을 제외한 손실로 계산으로 구할 수 없는 손실

⑦ 기기 효율 및 속도변동률

    ㉠ 발전기, 변압기 효율 : $\eta = \dfrac{출력}{출력 + 손실} \times 100\,[\%]$

    ㉡ 전동기 효율 : $\eta = \dfrac{입력 - 손실}{입력} \times 100\,[\%]$

    ㉢ 속도변동률 : $\varepsilon = \dfrac{N_0 - N_n}{N_n} \times 100\,[\%]$ (무부하 회전속도 N_0, 정격 회전속도 N_n)

⑧ 직류전동기의 토크 : $\tau = 0.975 \times \dfrac{P}{N}\,[kg \cdot m] = 9.55 \times \dfrac{P}{N}\,[N \cdot m]$

플러스TIP 단위 환산 ⋯ $1\,[kg \cdot m] \to 9.8\,[N \cdot m]$

4. 유도기

(1) 3상 유도전동기

① 동기속도 : $N_S = \dfrac{120f}{p}$

② 회전속도 : $N = (1 - s)N_s\,[rpm]$

③ 슬립 : $s = \dfrac{N_s - N}{N_s} \times 100\,[\%]$ (전동기 슬립 범위 $0 < s < 1$, $s = 1$일 때 정지, $s = 0s$일 때 동기속도 회전)

④ 2차 주파수 : $f_2 = sf\,[Hz]$

⑤ 등가저항 : $R = r_2 \left(\dfrac{1}{s} - 1 \right) = r_2 \dfrac{1 - s}{s}\,[\Omega]$

⑥ 기계적 출력 : $P_0 = (1 - s)P_2 = (1 - s)(입력 - 손실)\,[W]$

⑦ 2차 동손 : $P_{c2} = sP_2 [W]$ $(P_2 : 2차\ 입력)$

⑧ 2차 효율 : $\eta_2 = \dfrac{P_0}{P_2} \times 100 = (1-s) \times 100 = \dfrac{N}{N_s} \times 100 [\%]$

⑨ 토크와 공급전압 : $\tau \propto V^2 \propto \dfrac{1}{s}$

(2) 3상 유도전동기의 회전원리

① 회전자의 회전속도가 증가하면 슬립은 감소해 0에 수렴한다.

② 회전자의 회전속도가 증가하면 도체를 관통하는 자속수는 감소한다.

③ 3상 교류전압을 고정자에 공급하면 고정자 내부에서 회전 자기장이 발생된다.

④ 회전자 속도가 동기속도와 같아지면 슬립이 0이 되어 회전자 도체에 유도기전력이 더 이상 발생하지 않고, 전류도 흐르지 않게 되어 토크가 0이 된다.

(3) 3상 유도전동기 기동법과 속도제어법

① 농형 유도전동기

    ㉠ 기동법 : 직입(전전압) 기동, Y−△ 기동(Y−△ 기동전류 = 전전압 기동전류 ÷ 3), 기동 보상기법, 리액터 기동법

    ㉡ 속도제어법 : 1차전압 제어, 주파수 제어법, 극수 변환법

플러스TIP VVVF(가변전압 가변주파수 변환장치) 제어 … 인버터(Inverter)를 이용해 전압(V)과 주파수(f)를 동시에 가변하여 자속(V/f)을 일정하게 유지함으로써 전동기의 속도와 토크를 정밀하게 제어하는 방식이다.

② 권선형 유도전동기

    ㉠ 기동법 : 2차 저항기동법(비례추이)

    ㉡ 속도제어법 : 2차 저항제어법(비례추이), 2차 여자제어법(슬립제어), 종속법

(4) 비례추이(권선형 유도전동기)

① 2차 저항값을 조정하여 슬립을 변화해 속도를 제어한다.(2차 저항↑ → 슬립↑ →속도↓)

② 기동토크는 증가하고, 기동전류는 감소한다.

③ 최대토크는 변하지 않는다(항상 일정).

④ 가능 : 1차 입력, 1차 전류, 역률(1차값)

⑤ 불가능 : 2차 출력, 2차 동손, 2차 효율

⑸ 단상 유도전동기

① 기동토크 크기 순서 : 반발기동형 > 반발유동형 > 콘덴서 기동형 > 분상기동형 > 셰이딩 코일형

② 종류

　㉠ 반발 기동형 : 기동토크가 가장 크다.

　㉡ 콘덴서 기동형 : 역률이 매우 좋고, 효율이 높다.

　　예 선풍기, 냉장고, 세탁기 등

　㉢ 분상 기동형 : 기동권선(보조권선) 저항(R)은 크고, 리액턴스(X)는 작다.

　㉣ 셰이딩 코일형 : 역회전이 불가능하다.

⑹ 3상 유도전동기의 원선도 시험

① 저항 측정시험 : 1차 동손

② 무부하시험 : 여자전류, 철손

③ 구속시험(단락시험) : 2차 동손

4. 동기기

⑴ 동기발전기

① 회전자(로터)가 회전 자속과 동기 속도로 회전하면서 교류 전압을 발생시키는 발전기이다. 회전 속도가 항상 동기속도로 유지되며 계통 주파수와 일정한 관계를 가진다.

② 동기 속도 : $N_s = \dfrac{120}{p} f\,[rpm]$

③ 회전계자형 사용

　㉠ 전기자를 고정시키고 계자를 회전하는 방식이다(전기자 고정 + 계자 회전 = 회전 계자형).

　㉡ 전기자 권선의 고전압 절연 처리가 용이하다.

　㉢ 기계적으로 견고하게 제작하기 용이하다.

　㉣ 전기자가 고정되어 있어 제작비용이 절감된다.

　㉤ 전기자 단자에 발생한 고전압을 슬립링 없이 간단하게 외부 회로로 연결할 수 있다.

④ 전기자 권선법 : 고상권, 폐로권, 2층권, 중권, 단절권, 분포권

플러스TIP 단절권, 분포권 … 고조파를 제거하여 기전력의 파형을 개선한다.

⑤ 동기 발전기의 병렬 운전 조건

조건(기전력의...)	일치하지 않을 때 발생
크기가 같을 것	무효 순환전류(무효횡류)
위상이 같을 것	유효 순환전류(유효 횡류＝동기화 전류)
주파수가 같을 것	난조 발생 (방지책 : 제동권선 설치)
파형이 같을 것	고조파 무효 순환전류
상회전 방향 같을 것	단락 사고 및 역회전 위험

⑥ 무효 순환전류 : $I_c = \dfrac{E_c}{Z_{s1} + Z_{s2}}[A]$ (E_c : 양 기기 간 전압차)

⑦ 유효순환전류(동기화전류) : $I_c = \dfrac{2E\sin(\delta/2)}{Z_{s1} + Z_{s2}}[A]$

⑧ 단락전류의 특성

   ㉠ 누설리액턴스 : 순간이나 돌발단락전류를 제한한다.

   ㉡ 동기리액턴스 : 지속 또는 영구단락전류를 제한한다.

⑨ 단락비가 큰 동기기

   ㉠ 안정도가 높고, 단락전류가 크다.

   ㉡ 전기자 반작용 · 동기임피던스 · 전압변동률이 작다.

   ㉢ 기계가 대형이며, 무겁고, 가격이 비싸고, 효율이 낮다.

⑩ 동기조상기와 전력용 콘덴서 비교(역률 개선장치)

구분	동기조상기	전력용 콘덴서
조정 범위	진상(＋), 지상(－) 모두 가능하다.	진상(＋)만 가능하다.
조정 방식	연속적(계자전류 조절)이다.	단계적(전력 개폐기로 조정)이다.
전력 손실	크다.	작다.
시충전	가능하다.	불가능하다.
가격/보수	비싸고 유지보수가 복잡하다.	저렴하고 설치, 보수가 간편하다.

⑵ 동기전동기

① 동기전동기의 정의

    ㉠ 부하의 크기에 상관없이 항상 일정한 속도(동기속도)로 회전하는 전동기이다.

    ㉡ 팬(Fan), 송풍기, 펌프, 분쇄기, 압축기, 압연기 등 대용량이며 장시간 일정한 속도로 운전되는 기기에 주로 사용된다.

② 동기전동기의 특징

    ㉠ 자가 기동이 불가능하며 반드시 기동 장치가 필요하다.

    ㉡ 부하 변동과 관계없이 동기속도(N_s)로 일정하게 운전한다.

    ㉢ 역률을 조정할 수 있다(계자전류 조정으로 지상 · 진상 · 역률 1 운전 가능).

    ㉣ 정격 부하 근처에서 효율이 좋다.

    ㉤ 공극이 넓고, 기계적으로 튼튼하다.

③ 3상 동기기에 제동권선을 설치하는 목적

    ㉠ 제동권선은 동기기에서 기전력의 주파수 차이로 인해 발생하는 난조 현상을 억제하기 위해 설치된다.

    ㉡ 동기전동기는 자기기동이 불가능하므로, 기동 시 제동권선에 의해 유도전동기와 같은 작용으로 기동 토크를 발생시킨다.

    ㉢ 계자회로를 단락하여 기동 과정에서 계자권선에 고전압이 유기되는 것을 방지한다.

⑤ 동기전동기 안정도 향상 대책

    ㉠ 단락비 증가

    ㉡ 관성 효과 증가

    ㉢ 속응여자방식 채용

    ㉣ 제동권선 설치

    ㉤ 동기 임피던스 감소

5. 정류기

① 전력변환장치

    ㉠ **컨버터** : 교류(AC)를 직류(DC)로 변환한다.

    ㉡ **인버터** : 직류(DC)를 교류(AC)로 변환한다.

    ㉢ **사이클로컨버터** : 교류(AC)를 다른 크기의 교류(AC)로 변환(주파수 변환기)한다.

    ㉣ **초퍼** : 고정 직류(DC)를 가변 직류(DC)로 변환한다.

② 다이오드 연결

    ㉠ **직렬 연결** : 과전압 보호

    ㉡ **병렬 연결** : 과전류 보호

③ 제너 다이오드

    ㉠ 역방향 전압을 가했을 때 특정 전압에서 전류가 흐르는 특성을 이용한 반도체 소자이다.

    ㉡ 회로의 전압을 일정하게 유지하거나 과전압으로부터 부품을 보호하는 데 사용된다.

④ 발광 다이오드

    ㉠ 순방향 전압을 가하면 전류가 흐르면서 빛을 방출하는 반도체 소자이다.

    ㉡ 탁상용 시계, 계산기와 같은 숫자 표시 등에 사용된다.

⑤ 전력용 반도체 소자 종류와 특징

    ㉠ **양방향 소자** : DIAC(2단자), SSS(2단자), SBS(3단자), TRIAC(3단자)

    ㉡ **단방향 소자** : SCR(3단자), GTO(3단자, 자기소호 가능). SUS(3단자), SCS(4단자), LASCR(2단자, 광제어)

⑥ 정류회로 종류별 직류전압

    ㉠ **단상 반파** : 0.45E

    ㉡ **단상 전파** : 0.9E

    ㉢ **3상 반파** : 1.17E

    ㉣ **3상 전파** : 1.35E

1. 보호계전기

(1) 보호계전기의 종류

① 과전류 계전기(OCR) : 전류가 설정값 이상일 때 동작하며, 과전류나 단락 사고로부터 설비를 보호하는 계전기이다.

② 과전압 계전기(OVR) : 전압이 설정값 이상일 때 동작하며, 과전압으로부터 설비 손상을 방지하는 계전기이다.

③ 부족 전압 계전기(UVR) : 전압이 설정값 이하일 때 동작하며, 저전압으로부터 설비를 보호하는 계전기이다.

④ 비율차동 계전기(RDR)

    ㉠ 변압기, 발전기의 내부 고장을 보호하기 위한 계전기이다.

    ㉡ 입력전류와 출력전류의 벡터 차이를 비교해 그 차이가 설정 비율 이상일 경우 내부 고장으로 판단해 동작한다.

⑤ 지락 과전류 계전기(OCGR) : 지락 사고 시 발생하는 영상전류가 일정값 이상 흐르면 이를 검출하여 지락 사고를 차단하는 계전기이다.

⑥ 지락 과전압 계전기(OVGR) : 지락 사고 시 중성점 전위가 상승하여 발생하는 영상과전압이 일정값 이상이 되면 이를 감지하여 지락 사고를 차단하는 계전기이다.

⑦ 선택지락계전기(SGR) : 다회선 송전선로에서 지락이 발생된 회선만을 검출하여 선택·차단할 수 있도록 동작하는 계전기이다.

⑧ 재폐로계전기 : 계통에 고장이 발생하면 고장 구간을 신속히 차단한 뒤 일정 시간 후 재투입(재폐로)하여 정전 구간을 최소화함으로써 계통의 안정도와 신뢰도를 높이는 계전기이다.

(2) 보호계전기 동작시한 특성

① 순한시 : 입력값이 최소 동작 전류 이상이 되면 즉시 동작하는 특성을 가진다.

② 정한시 : 입력값이 설정값 이상이 되면 동작 전류의 크기와 무관하게 일정한 시간에 동작한다.

③ 반한시 : 입력 전류의 크기와 동작 시간이 반비례하는 특성을 가진다. 입력 전류가 클수록 동작 시간은 짧아지고 압력 전류가 작을수록 동작 시간은 길어진다.

④ 반한시 – 정한시 : 전류가 적은 구간에서는 반한시 특성을 보이고 전류가 일정값 이상으로 커지면 시간이 더 이상 짧아지지 않고 정한시 특성으로 동작한다.

2. 배선재료 및 공구

(1) 게이지 및 측정기

① 와이어 게이지 : 숫자가 적힌 홈에 전선을 끼워 전선의 굵기를 측정한다.

② 버니어 캘리퍼스 : 물체의 길이나 두께, 외경과 내경 및 깊이를 측정할 수 있는 자의 일종이다.

③ 마이크로미터 : 전선의 굵기, 금속판 등의 두께를 정밀하게 측정한다.

④ 어스테스터, 콜라우시 브리지법 : 접지저항을 측정한다.

⑤ 절연저항계(메거) : 절연저항을 측정한다.

⑥ 후크온 메타 : 통전 중인 전선의 전류 및 전압을 측정할 수 있는 계측기이다.

(2) 전기 설비에 관련된 공구 및 부품

① 펜치 : 전선의 절단 · 접속 · 바인드 등에 사용하는 공구이다.

② 녹아웃 펀치 : 배전반, 분전반, 캐비닛 등 금속제 함체에 전선관 접속을 위한 구멍을 뚫을 때 사용하는 공구(홀쏘와 유사한 용도)이다.

③ 오스터 : 금속관의 끝부분에 나사를 내는 공구이다.

④ 리머 : 금속관을 절단한 후 관 내부의 날카로운 것을 다듬는 공구이다.

⑤ 클리퍼 : 펜치로 절단하기 힘든 굵은 전선을 절단하는 공구이다.

⑥ 펌프 플라이어 : 로크너트를 조일 때 사용하거나 전선의 슬리브 접속 시 사용하는 공구이다.

⑦ 와이어 스트리퍼 : 전선의 절연 피복을 벗기는 공구이다.

⑧ 토치램프 : 합성수지관을 구부리거나 가공할 때 사용하는 가열 공구이다.

⑨ 프레셔툴 : 솔더리스 커넥터 또는 터미널을 압착시킬 때 사용하는 공구이다.

⑩ 히키 : 금속관을 구부리는 공구이다.

⑪ 파이프 벤더 : 금속관을 구부리는 공구이다.

⑫ 파이프 커터 : 금속관을 절단하는 공구이다.

⑬ 파이프 바이스 : 금속관을 절단하거나 나사를 낼 때, 파이프를 고정시킬 때 사용하는 공구이다.

⑭ 파이프 렌치 : 금속관을 커플링으로 접속할 때 금속관 커플링을 물고 죄는 공구이다.

⑮ 피시 테이프 : 배관이나 전선관에 피시 테이프를 먼저 집어넣고, 전선과 연결한 후 끌어 당겨 전선을 관 안에 넣는 데 사용하는 공구이다.

(3) 전기 설비 부품

스프링 와셔, 이중 너트는 진동이 있는 기계 기구에 사용하는 부품이다.

(4) 3로 스위치

① 2개소 점멸 시 → 3로 스위치 2개 필요

② 3개소 점멸 시 → 3로 스위치 2개, 4로 스위치 1개 필요

③ 4개소 점멸 시 → 3로 스위치 2개, 4로 스위치 2개 필요

(5) 콘센트 및 플러그

① 코드 접속기 : 전선 간 연결에 사용하는 장치로, 플러그 부분과 커넥터 본체로 구성된다.

② 연장 코드 : 콘센트 위치를 연장하는 장치이다.

③ 테이블 탭(table tap) : 여러 개의 코드를 연결할 수 있고 전선을 인출해서 사용할 수 있는 장치이다. 테이블 밑에서 사용할 수 있어 테이블 탭이라고 한다.

④ 멀티탭 : 하나의 콘센트에 둘 또는 세 개의 기계 기구를 연결하여 사용하는 장치이다.

(6) 빈출 심벌

심벌	명칭	심벌	명칭
	분전만		비상콘센트
	배전반		피뢰기
	배선용	CL	실링라이트
B	배선용 차단기	EQ	지진 감지기
	교류차단기	MD	금속 덕트
	매입콘센트	——	천장 은폐배선
WP	방수용 콘센트	–	–

3. 전선의 접속

(1) 전선 및 케이블의 종류

구분	내용	구분	내용
VV	비닐 절연 비닐외장 케이블	NRI	300/500[V] 기기 배선용 유연성 단심 비닐 절연전선
DV	인입용 비닐 절연전선	NF	450/750[V] 일반용 유연성 단심 비닐 절연전선
OW	옥외용 비닐 절연전선	NFI	기기 배선용 유연성 단심 비닐 절연전선
OC	옥외용 가교폴리에틸렌 절연전선	IV	600[V] 비닐 절연전선
NR	450/750[V] 일반용 단심 비닐 절연전선	FL	형광 방전등용 전선

(2) 전선 색상

상(문자)	색상
L1	갈색
L2	흑색
L3	회색
N(중성선)	청색
보호도체(PE)	녹색 − 노란색

(3) 전선의 접속의 기본 원칙

① 전선접속 시 전기저항을 증가시키지 않도록 한다.

② 전선의 세기는 20[%] 이상 감소시키지 않는다(80[%] 이상 유지한다).

③ 박스 안에서 전선을 접속하고, 접속점에 기계적 장력이 걸리지 않도록 한다.

④ 접속점의 절연 약화를 방지하기 위해 테이핑 또는 와이어 커넥터로 절연한다.

⑤ 전선의 접속부에 사용하는 테이프 및 튜브 등 도체의 절연에 사용되는 절연 피복은 전기용을 사용한다.

⑥ 접착 테이프에 적합한 것을 사용하고 반폭 이상 겹쳐서 2회 이상 감아야 한다.

(4) 전선의 접속 공법

① **트위스트 접속** : 단면적 6[mm^2] 이하의 가는 단선끼리 서로 직접 꼬아서 연결하는 직선 접속 방식이다.

② **브리타니아 접속** : 단면적 10[mm^2] 이상의 굵은 단선 접속 시, 전선을 직접 꼬지 않고 별도의 조인트선을 사용하여 감아 연결하는 직선 접속 방식이다.

③ **와이어커넥터 접속** : 박스 안에서 와이어커넥터를 이용해 쥐꼬리 접속하는 방법으로 납땜과 테이프 감기가 불필요하다.

④ 슬리브 압착 접속 : 단선과 연선 접속이 모두 가능하며, 전용 압착 공구와 슬리브를 사용하여 기계적으로 견고하게 접속하는 방식이다.

⑤ 쥐꼬리 접속 : 박스 안에 가는 전선을 접속할 때 사용한다. 전선의 피복을 충분히 벗긴 뒤 도체를 서로 90°로 교차시키고 펜치로 충분히 비틀어 꼰 후, 남은 끝부분을 잘라낸다. 와이어 커넥터를 사용하지 않을 경우 접속부를 절연 테이프로 감아 반드시 절연 처리를 해야 한다.

(5) 절연 테이프의 종류와 특성

① 비닐 테이프 : 가장 일반적인 절연 테이프로, 접착력이 좋고 시공이 간편하다.

② 고무 테이프 : 탄성이 크고 절연성이 우수하며, 감을 때 잡아당겨서 겹쳐 감는다.

③ 리노 테이프

   ㉠ 일반 테이프와 달리 끈적이는 접착력이 없는 것이 특징이다.

   ㉡ 절연성, 내유성(기름에 강함), 내온성(열에 강함)이 우수해 주로 연피케이블 접속부 절연 처리나 보강에 사용된다.

④ 자기 융착 테이프 : 테이프 상호 간에 융착되어 일체화되는 성질이 있으며, 방수·방습 성능이 우수하다.

(6) 전선 구비 조건

① 전압 강하가 작을 것

② 비중이 작을 것(중량이 가벼울 것)

③ 전기저항(고유저항)이 작을 것

④ 가요성(유연성), 기계적 강도가 클 것

⑤ 내구성, 내열성, 내식성이 클 것

⑥ 허용전류가 크고 도전율이 높을 것

⑦ 시공 및 보수의 취급이 용이하고 가격이 저렴할 것

(7) 구리(동)전선의 종단 접속

① 구리선 압착 단자에 의한 접속

② 비틀어 꽂는 형의 전선 접속기에 의한 접속

③ 종단 겹침용 슬리브(E형)에 의한 접속

④ 직선 겹침용 슬리브(P형)에 의한 접속

⑤ 꽂음형 커넥터에 의한 접속

(8) 연선의 매킹 타이어 슬리브 접속 시 비틀림 횟수

① $10[mm^2]$ 이하 : 2회 이상

② $16[mm^2]$ 이하 : 2.5회 이상

③ $25[mm^2]$ 이하 : 3회 이상

4. 배선설비공사 및 전선허용전류 계산

(1) 합성수지관 공사

① 합성수지관은 대부분의 장소에 시공할 수 있으나, 이중천장(반자 속 포함) 내부나 중량물의 하중 또는 강한 기계적 충격을 받을 우려가 있는 곳에는 설치해서는 안 된다(단, 콘크리트 매입의 경우는 예외로 한다).

② 관의 지지점 간격은 $1.5[m]$ 이하로 하며, 관과 박스의 접속부 또는 관 상호 접속부 근처에는 $0.3[m]$ 이내의 거리에 지지점을 설치해야 한다.

③ 관 내부에서는 전선의 접속점이 없어야 하며, 사용 전선은 단선일 경우 $10[mm^2]$(알루미늄선은 $16[mm^2]$) 이하로 하고, 이보다 클 경우에는 연선을 사용한다.

④ CD관(콤바인 덕트관)은 옥내 노출 장소나 콘크리트 직접 매입 시공을 제외하고는, 반드시 불연성 마감재 내부나 전용의 불연성 관·덕트 안에 넣어 시공해야 한다.

⑤ 관과 관의 연결은 반드시 커플링을 사용해야 한다. 커플링에 삽입되는 배관의 길이는 관 외경(바깥지름)의 1.2배 이상으로 하고, 접착제를 사용할 경우에는 0.8배 이상으로 한다.

(2) 금속관 공사

① 전선은 절연전선(옥외용 비닐절연전선을 제외한다)을 사용한다.

② 전선은 연선일 것. 다만, 다음의 것은 적용하지 않는다(짧고 가는 금속관에 넣은 것, 단면적 $10[mm^2]$(알루미늄선 단면적 $16[mm^2]$) 이하의 것).

③ 전선은 금속관 안에서 접속점이 없도록 한다.

④ 금속관 두께는 콘크리트 매설 시 $1.2[mm]$ 이상(단, 기타의 것 $1[mm]$이상) 이어야 한다.

⑤ 구부러진 금속관의 굽은 부분 반지름은 관 안지름(내경)의 6배 이상이어야 한다.

(3) 가요전선관 공사

① 관의 선택 : 2종 금속제 가요전선관을 사용(단, 노출된 장소나 점검이 가능한 은폐 구역에서는 1종 가요전선관도 허용된다)한다.

② 굴곡 반지름(관 안지름 기준)
　　㉠ 6배 이상 : 시설 후 철거가 어려운 경우
　　㉡ 3배 이상 : 시설 후 철거가 자유로운 경우

(4) 애자 공사

① 전선 : 절연전선(옥외용 비닐 절연전선(OW) 및 인입용 비닐 절연전선(DV)은 제외)

② 애자의 구비 조건 : 절연성, 난연성, 내수성

③ 전선을 조영재의 윗면 또는 옆면에 따라 붙일 시, 지지점 간의 거리는 $2[m]$ 이하이어야 한다.

④ 전선 상호 및 전선과 조영재의 이격거리

구분	$400[V]$이하	$400[V]$초과
전선 상호 간의 거리	$6[cm]$ 이상	$6[cm]$ 이상
전선과 조영재 간의 거리	$2.5[cm]$ 이상	$4.5[cm]$ 이상 (단, 건조한 장소 $2.5[cm]$ 이상)

(5) 경질 비닐관(합성수지관)

① 관 호칭 : 안쪽 지름(내경)에 근접한 짝수 규격

② 관 종류(9종) : 14, 16, 22, 28, 36, 42, 54, 70, 82$[mm]$

(6) 후강전선관

① 관 호칭 : 안쪽 지름(내경)에 근접한 짝수 규격

② 관 종류(10종) : 16, 22, 28, 36, 42, 54, 70, 82, 92, 104$[mm]$

(7) 박강전선관

① 관 호칭 : 바깥쪽 지름(외경)에 근접한 홀수 규격

② 관 종류(7종) : 19, 25, 31, 39, 51, 63, 75$[mm]$

③ 관의 두께 : $1.2[mm]$ 이상의 얇은 전선관

⑻ **건물의 종류에 따른 표준부하**

건물의 종류	표준부하$[VA/m^2]$
공장, 공회당, 사원, 교회, 극장, 영화관, 연회장 등	10
기숙사, 여관, 호텔, 병원, 학교, 음식점, 다방, 대중목욕탕	20
사무실, 은행, 상점, 이발소, 미용원	30
주택, 아파트	40

⑼ **건축물에 따른 간선의 수용률**

건축물의 종류	수용률[%]
주택, 기숙사, 여관, 호텔, 병원, 창고	50
학교, 사무실, 은행	70

⑽ **전압의 구분**

① 저압 : AC $1,000[V]$ 이하, DC $1,500[V]$ 이하의 전압

② 고압 : AC $1,000[V]$ 초과, DC $1,500[V]$를 초과하고, AC, DC 모두 $7[kV]$ 이하의 전압

③ 특고압 : AC, DC 모두 $7[kV]$ 초과의 전압

⑾ **소세력 회로의 배선(전선을 조영재에 붙여 시설하는 경우)**

① 전자 개폐기의 조작회로 또는 초인벨·경보벨 등에 접속하는 전로로서 최대 사용전압이 $60[V]$ 이하인 것

② 전선이 손상 받을 우려가 있는 곳에 시설하는 경우에는 방호장치를 할 것

③ 전선은 금속제의 수관·가스관 또는 이와 유사한 것과 접촉되지 않도록 시설할 것

④ 전선은 케이블(통신용 케이블을 포함)인 경우 이외에는 공칭단면적 $1[mm^2]$ 이상의 연동선 또는 이와 동등 이상의 세기 및 굵기의 것일 것

⑤ 전선은 코드·캡타이어케이블 또는 케이블일 것

5. 전선 및 기계기구의 보안공사

(1) 과전류차단기의 시설 장소

① 변압기나 발전기, 전동기 등과 같은 기계기구를 보호하는 장소

② 인입구나 간선의 전원측 및 분기점 등 보호 또는 보안상 필요한 장소

③ 송·배전선로 등에서 보호를 요하는 장소

(2) 과전류차단기 시설 제한 장소

① 접지공사의 접지도체

② 다선식 선로의 중성선

③ 전로 일부에 접지공사를 한 저압가공전선로의 접지측 전선

(3) 주택용 · 산업용 배선용 차단기의 동작특성

정격전류	시간(분)	주택용		산업용	
		정격전류 배수			
		부동작 전류	동작전류	부동작전류	동작전류
63[A] 이하	60	1.13배	1.45배	1.05배	1.3배
63[A] 초과	120				

(4) 누전차단기 시설 장소

① 사용전압이 50[V]를 초과하고 금속제 외함을 갖는 저압 기계·기구에 대해, 사람이 접촉할 위험이 있는 곳에 시설된 전로

② 특고압 · 고압 · 저압 전로와 변압기를 통해 결합되며, 사용전압이 400[V] 초과의 저압 전로

③ 발전기에서 공급하는 사용전압 400[V] 초과의 저압전로

④ 주택의 인입구(인체감전보호용)

(5) 절연저항의 누설전류

$$누설전류 \leq 최대 \ 공급전류 \times \frac{1}{2000}$$

(6) 절연내력시험(10분 동안 지속할 것)

최대사용전압	전로의 접지방식	절연내력 시험전압비(최저시험전압)
60[kV] 초과 170[kV] 이하	중성점 비접지식 전로	1.25배
	중성점 접지	1.1배(최저 75[kV])
	중성점 직접 접지	0.72배

⑺ 접지공사의 목적

① 이상전압의 발생 억제 및 기기 보호

② 전로의 대지전압 상승 억제

③ 보호계전기의 확실한 동작 확보

④ 인체 감전 및 화재 사고 방지

⑻ 접지극의 시설기준

① 접지극은 지표면에서 최소 $0.75[m]$ 이상 깊이에 설치하며, 동결 깊이를 고려하여 매설 깊이를 결정해야 한다.

② 철주나 다른 금속 구조물을 따라 접지도체를 설치할 때는 철주 밑면에서 최소 $0.3[m]$ 이상 깊이로 접지극을 매설하고, 그 외 상황에서는 금속체로부터 $1[m]$ 이상 떨어진 지중에 접지극을 매설한다.

③ 지하 $0.75[m]$에서 지상 $2[m]$까지의 구간에 접지도체가 노출될 경우, 두께 $2[mm]$ 미만의 합성수지제 전선관이나 가연성 콤바인덕트관을 제외한 합성수지관, 또는 이에 맞먹는 절연성과 강도의 몰드로 덮어야 한다.

④ 동봉 접지극은 지름 $8[mm]$ 이상, 길이 $0.9[m]$ 이상을 사용한다.

⑼ 변압기 2차측 접지 목적

고 · 저입 혼촉 사고를 빙지한다.

⑽ 변압기 중성점 접지저항 계산식

$$R_g = \frac{150, 300, 600}{I_g}[\Omega]$$

플러스TIP⁺ 기준
- $150[V]$: 특별한 보호장치가 없는 경우(조건이 없는 경우)
- $300[V]$: 1초 초과 2초 이내 동작하는 자동 차단장치 시설이 있는 경우
- $600[V]$: 1초 이내 동작하는 자동 차단장치 시설이 있는 경우

⑾ 저항 측정법

① 메거법 : 절연 저항(매우 큰 저항)을 측정할 때 사용한다.

② 켈빈 더블 브리지법 : $1[\Omega]$ 이하의 매우 작은 저항(저저항)을 정밀 측정할 때 사용한다.

③ 콜라우시 브리지법 : 접지저항 및 전해액 저항 측정 방법이다.

④ 휘트스톤 브리지법 : 중저항(일반적인 저항)을 측정할 때 사용한다.

⑿ **기계기구의 철대 및 금속제 외함의 접지공사 생략 가능한 경우**

① 사용전압이 직류 300$[V]$, 교류 대지전압 150$[V]$ 이하인 전기기계기구를 건조한 장소에 설치한 경우

② 저압·고압, 22.9$[kV-Y]$ 계통 전로에 접속한 기계기구를 목주 위 등에 시설한 경우

③ 저압용 기계기구를 목주나 마루 위 등에 설치한 경우

④ 전기용품 안전관리법에 의한 2중 절연 기계기구

⑤ 외함이 없는 계기용 변성기 등을 고무 절연물 등으로 덮은 경우

⑥ 철대 또는 외함을 주위의 적당한 절연대를 이용하여 시설한 경우

⑦ 2차 전압 300$[V]$ 이하, 정격용량 3$[kVA]$ 이하인 절연 변압기를 사용하고 2차측을 비접지 방식으로 하는 경우

⑧ 동작전류 30$[mA]$ 이하, 동작시간 0.03$[sec]$ 이하인 인체감전보호 누전차단기를 설치한 경우

⒀ **피뢰 시스템**

접지도체가 접속된 경우 접지저항은 10$[\Omega]$이하로 유지되어야 한다.

6. 가공인입선 및 배전선 공사

(1) 가공인입선

① 가공전선로의 지지물에서 다른 지지물을 거치지 아니하고 수용장소의 인입선 접속점에 이르는 가공전선이다.

② 가공인입선은 2.6$[mm]$ 이상의 경동선 또는 이에 동등 이상의 성능을 갖춘 도체를 사용해야 하며, 지지물 간 거리(경간)가 15$[m]$ 이하인 경우에는 2.0$[mm]$ 이상도 허용된다.

(2) 가공전선의 높이

구분	저압	고압
도로 횡단	5$[m]$ 이상 ※ 기술상 부득이하고 교통에 지장이 없는 경우 3$[m]$ 이상	6$[m]$ 이상
철도 횡단	6.5$[m]$ 이상	6.5$[m]$ 이상
횡단보도교	3$[m]$ 이상	3.5$[m]$ 이상
기타 장소	4$[m]$ 이상 ※ 기술상 부득이하고 교통에 지장이 없는 경우 2.5$[m]$ 이상	5$[m]$ 이상

(3) 연접(이웃 연결) 인입선

① 수용장소의 인입선에서 분기하여 다른 수용장소의 인입점까지 연결되는 전선이다.

② 연접 인입선은 옥내를 관통하여 시설하지 않아야 하며, 전선은 지름 $2.6[mm]$ 이상의 경동선 또는 이와 동등 세기를 사용해야 한다.

③ 인입선에서 분기하는 점으로부터 $100[m]$를 초과하는 지역에 미치지 않아야 하며, 폭 $5[m]$를 넘는 도로 횡단이 금지되어 있다.

(4) 지지선(지선)의 시설 규정

① 안전율 : 2.5 이상

② 허용 인장하중 : $4.31[kN]$ 이상

③ 소선 수 : 3가닥 이상의 연선

④ 소선 지름 : $2.6[mm]$ 이상의 금속선

⑤ 내식성 처리 : 지중 · 지표상 $30[cm]$까지 아연도금 철봉 등 사용

(5) 지지선(지선)의 중간에 사용하는 애자

구형애자, 지지선(지선)애자, 옥애자, 구슬애자

(6) 지지물의 건주공사 시 매설 깊이(설계하중이 $6.8[kN]$ 이하)

① $15[m]$ 이하 : 매설깊이 $L[m]$=전주 길이$\times\dfrac{1}{6}$ 이상

② $15[m]$ 초과 $16[m]$ 이하 : $2.5[m]$ 이상

③ $16[m]$ 초과 $20[m]$ 이하 : $2.8[m]$ 이상

(7) 배전선로 작업 기구

① 데드 엔드 커버 : 배전선로 활선 작업 시 작업자가 현수 애자 등에 접촉하여 발생하는 안전 사고 예방을 위해 전선 작업 개소의 애자 등의 충전부를 방호하기 위한 절연 커버이다.

② 애자 커버 : 애자 보호용 절연 커버이다.

③ 활선 클램프 : 배전선로 활선 작업 시 무정전 상태에서 임시 접속이나 우회 전원 공급을 위해 사용하는 접속용 공구이다.

④ 전선 피박기 : 활선 상태에서 전선 피복을 벗기는 공구로 활선 피박기라고도 한다.

⑻ **전선로 완금 표준 길이**$[mm]$

① 전선 2조 : 저압$(900mm)$, 고압$(1,400mm)$, 특고압$(1,800mm)$

② 전선 3조 : 저압$(1,400mm)$, 고압$(1,800mm)$, 특고압$(2,400mm)$

⑼ **전주 발판볼트 시설 높이**

발판볼트 $1.8[m]$ 이상 설치

⑽ **전주외등**

① 대지전압 $300[V]$ 이하의 형광등, 고압방전등, LED등 등을 배전선로의 지지물 등에 시설하는 전등이다.

① 배선 : 단면적 $2.5[mm^2]$ 이상의 절연전선

② 배선공사 : 케이블공사, 합성수지관공사, 금속관공사

③ 부착 높이 : 지표상 $4.5[m]$ 이상(단, 교통 지장이 없는 경우 $3[m]$ 이상)

④ 돌출수평거리 : $1[m]$ 이내

⑤ 전주외등의 금속제 등주(전등 기둥)에는 인명사고 방지를 위해 반드시 접지공사를 해야 한다.

⑥ 방전등에 공급하는 전로의 사용전압이 $150[V]$를 초과하는 경우 지락 발생 시 자동적으로 전로를 차단하는 장치를 분기회로에 시설해야 한다.

⑾ **래크 배선**

저압 가공전선로에서 완금 없이 래크를 전주에 부착하여 전선을 수직으로 가설하는 방식이다.

7. 고압 및 저압 배전반 공사

(1) 배전반 및 분전반 시설 장소

① 전기 회로 · 개폐기를 쉽게 조작할 수 있는 곳

② 진동 · 충격이 적은 안정된 곳

③ 점검 · 유지가 용이한 곳

(2) 변전소의 기능

① 전압 변환(변압)

② 전력 집중 및 분배

③ 전력계통 보호

④ 전력 조류 제어 및 전압 조정

(3) 차단기

① 배선용 차단기(MCCB) : 분기회로에 설치되어 평상시에는 전로를 개폐(ON/OFF)하는 스위치 역할을 하고, 과부하 또는 단락 사고 시 전류를 자동으로 차단하여 배선과 기기를 보호한다.

② 누전차단기(ELB)
  ㉠ 누설전류 또는 과전류 발생 시 자동 차단하는 저압 보호용 차단기이다.
  ㉡ 배선용 차단기에 누설전류(지락) 감지 기능을 추가한 장치이다.

③ 유입차단기(OCB) : 전로 차단 시 발생하는 아크열에 의해 절연유가 분해되면서 생기는 가스의 압력과 냉각 작용을 이용하여 아크를 소멸시키는 차단기이다.

④ 진공차단기(VCB) : 고진공 상태의 우수한 절연내력을 이용하여, 사고 시 발생하는 아크를 진공 용기 내에서 급격히 확산·소멸시키는 차단기이다.

⑤ 기중차단기(ACB)
  ㉠ 자연 상태의 공기를 이용해 자연적으로 아크를 소호하는 방식을 가진 차단기이다.
  ㉡ 차단기가 열릴 때 발생하는 아크(Arc)를 소멸시키는 과정을 '소호'라고 한다.

⑥ 공기차단기(ABB) : 회로 개방 시 발생하는 아크에 강한 압축공기를 내뿜어 아크를 냉각 및 소멸(소호)시키는 차단기이다.

⑦ 가스차단기(GCB) : 절연 성능이 뛰어난 SF_6(육불화황)가스를 소호 매개체로 사용하는 차단기이다.

(4) 가스차단기의 SF_6(육불화황)가스 성질

① 무색, 무취, 무해 가스이다.
② 절연내력은 공기의 2.3 ~ 2.7배이다.
③ 소호능력은 공기의 약 100배이다.
④ 화학적으로 안정적이며, 불연성 가스이다.

(5) 개폐기

① 고장 구분 자동개폐기(ASS) : 부하 측에 사고가 발생했을 때 고장 구간을 자동으로 분리하여 파급 사고를 방지하고, 주로 일정 규모 이상의 고압 수용가 인입구에 설치하는 개폐기이다.

② 컷아웃 스위치(COS) : 퓨즈가 부착된 고압용 개폐기로, 주로 주상 변압기의 고압측 인입선에 설치되어 평상시에는 전로를 개폐하고, 사고 시에는 퓨즈 용단으로 변압기와 선로를 보호한다.

③ 단로기(DS) : 무부하 상태에서 전로를 개방하거나 투입하는 데 쓰이는 개폐기이다.

④ 선로개폐기(LS) : 주로 보안상의 이유나 보수 점검 시 전로를 확실하게 분리하기 위해 사용하며, 단로기(DS)와 성격이 비슷하나 주로 배전 선로의 분기점 등에 설치한다.

⑤ 부하개폐기(LBS) : 정상적인 부하 전류를 개폐할 수 있는 스위치로, 수변전 설비의 인입구에 주로 설치되어 전로를 열고 닫는 역할을 한다(단, 사고 전류는 차단하지 못한다).

⑹ 계기용 변성기

① MOF(전력수급용 계기용 변성기) : 고전압, 대전류를 각각 저전압, 소전류로 변성하여 전력량계에 공급한다.

② ZCT(영상 변류기) : 지락 사고 시 발생하는 지락전류(영상 전류)를 검출해 지락 계전기(GR)에 신호를 보낸다.

③ CT(변류기) : 대전류를 소전류(5A)로 변성하여 계측기나 과전류계전기(OCR)에 공급한다.

④ PT(계기용 변압기) : 고전압을 저전압(110V)으로 변성하여 전압계나 계전기에 공급한다.

8. 특수장소 공사

⑴ 특수장소 공사 가능 여부

특수장소	금속관	합성수지관	케이블	애자
화약류 위험	O	X	O	X
부식성 가스	O	O	O	O
위험물 존재	O	O	O	X
불연성 먼지	O	O	O	O
습기 많음	O	O	O	O

⑵ 폭연성 먼지(분진)가 존재하는 장소의 공사

① 금속관 공사, 개장된 케이블 공사, 무기물 절연 케이블(MI 케이블)

② 폭연성 분진(먼지) 존재 장소의 금속관 배선 시 관 상호 및 관과 박스 접속을 5턱 이상의 나사 조임으로 접속한다.

⑶ 불연성 먼지(정미소, 제분소)가 존재하는 장소의 공사 방법

① 금속관공사

② 금속덕트 및 버스덕트 공사

③ 가요전선관공사

④ 케이블공사

⑤ 캡타이어 케이블공사

⑥ 애자사용공사

⑦ 합성수지관공사

⑷ **화약류 저장소(화약고) 등의 위험 장소**

① 전로의 대지 전압 : 300$[V]$ 이하

② 금속관공사, 케이블공사(단, 화약류 저장소의 인입구까지 이어지는 개폐기 및 과전류차단기 배선은 반드시 케이블로 하고, 지중에 매설하여 시설해야 한다)

⑸ **위험물 제조 · 저장 장소의 배선공사**

금속관공사, 케이블공사, 합성수지관공사(두께 2$[mm]$ 이상)

⑹ **가연성 가스가 존재하는 장소의 공사 방법**

케이블 공사, 금속관 공사

⑺ **터널 내 허용되는 공사 방법**

애자사용, 금속관, 합성수지관(두께 2$[mm]$ 이상), 금속제 가요전선관, 케이블공사

⑻ **전시회, 쇼, 공연장 등 이와 유사한 장소에 설치되는 저압 전기설비**

① 무대 · 무대마루 아래 · 오케스트라 박스 · 영사실 등 사람이나 무대 장비가 접촉할 가능성이 있는 구역에 시공되는 저압 옥내배선, 전구선 및 이동 전선은 사용전압이 400$[V]$ 이하여야 한다.

② 정격 전류 32$[A]$를 넘지 않는 콘센트 및 조명용 분기회로(비상용 제외)의 경우, 정격 감도 전류가 30$[mA]$ 이하인 누전 차단기를 적용하여 계통을 보호해야 한다.

9. 전기응용시설 공사

⑴ 교통신호등

교통신호등 제어장치 2차측 배선 제어회로의 최대 허용 전압은 300$[V]$이며, 사용전압이 150$[V]$를 초과하는 경우에는 누전차단기를 시설해야 한다.

⑵ 전기울타리

전기울타리의 전선은 지름 2$[mm]$ 이상의 경동선 또는 인장강도 1.38$[kN]$을 사용하며, 사용전압 250$[V]$ 이하, 전선과 이를 지지하는 기둥 사이의 이격 거리는 2.5$[cm]$ 이상이어야 한다.

(3) 조명방식

① **간접조명** : 광속의 대부분을 천장이나 벽면에 비춘 뒤 반사광으로 실내를 밝히는 방식으로, 광속의 90% 이상이 상부로 향한다. 부드럽고 눈부심이 적은 장점이 있으나 조명 효율은 낮아지는 편이다.

② **전반조명** : 작업면 전체에 균일한 조도를 제공하기 위해 광원을 일정한 높이와 간격으로 배치하는 방식으로, 사무실 · 학교 · 공장 등에서 일반적으로 사용된다.

③ **국부조명** : 작업면 중 필요한 부분만 높은 조도로 비추기 위해 조명기구를 집중 배치하거나 스탠드 등을 사용하는 방식으로, 밝기 차이가 커 눈부심과 눈의 피로가 발생하기 쉬운 단점이 있다.

④ **전반국부조명** : 전반조명으로 기본적인 시각 환경을 확보한 뒤, 필요한 부분에 국부조명을 더해 고조도를 경제적으로 얻는 방식으로, 병원 수술실이나 공부방, 기계공작실 등에 주로 사용된다.

⑤ **직접조명** : 광속의 대부분을 작업면에 직접 비추는 방식으로, 일반적으로 광속의 90% 이상이 아래쪽으로 투사된다. 밝기가 높아 효율적이지만 눈부심이 발생할 수 있다.

(4) 조명기구의 배광 방식

조명방식	상반부 광속[%]	하반부 광속[%]
직접조명	0 ~ 10	90 ~ 100
반직접조명	10 ~ 40	60 ~ 90
전반확산조명	40 ~ 60	40 ~ 60
반간접조명	60 ~ 90	10 ~ 40
간접조명	90 ~ 100	0 ~ 10

(5) 센서등(현관등) 설치 시 타임스위치 소등 시간

① 일반 주택 및 아파트 현관등 : 3분 이내

② 숙박업소 객실의 입구등 : 1분

전기이론

전기이론 파트는 전기의 본질·정전계·정자계 등 전기자기 기초와 직류·교류 회로이론으로 구성되어 있습니다. 먼저, 전기의 성질, 전하·전압·전류와 같은 기본 개념을 이해하는 것이 중요합니다. 이 부분은 단순 암기보다는 회독을 늘리며 개념 흐름을 반복해서 읽는 방식으로 접근하는 것이 좋습니다. 이후 옴의 법칙과 전력식처럼 회로 계산의 기본이 되는 공식들을 확실히 암기해 두어야 합니다. $V=IR$, $P=VI$처럼 자주 등장하는 공식은 문제를 보는 즉시 떠올려 대입할 수 있어야 할 정도로 익숙해져야 합니다. 계산 문제의 난도 자체는 높지 않지만, 공학용 계산기에 익숙해지는 것과 단위 환산(Ω-kΩ, W-kW, Wh-kWh 등)에서 실수하지 않는 연습이 중요합니다. 또한 간단한 계산 문제라도 풀이 과정을 반복해 보면서 공식 적용 순서를 몸에 익혀 두면 시험장에서의 시간 관리에도 도움이 됩니다.

전기기기

전기기기 파트는 변압기, 직류기, 유도전동기(유도기), 동기기 등 각 기기의 특성을 이해하는 것이 우선입니다. 각 기기가 어떤 원리로 작동하는지 큰 흐름을 먼저 파악한 뒤, 시험에서 자주 묻는 계산식과 특징을 함께 정리해 두는 것이 좋습니다. 특히 변압기와 유도전동기는 출제 비중이 높은 핵심 영역이므로 집중적으로 학습하시길 권합니다. 변압기에서는 권수비·전압비·전류비와 손실 문제를 반복적으로 풀어보는 것이 중요하며, 유도전동기에서는 기동 방식, 슬립, 동기속도·회전속도 계산 문제를 확실히 정리해 두어야 합니다. 또한 각 기기의 특징을 비교하는 문제도 자주 출제되므로, 직류기·유도전동기·동기기의 차이점과 용도를 함께 정리해 두면 문제 풀이에 도움이 됩니다.

전기설비

전기설비 파트는 규정·수치·용어 등 암기 요소의 비중이 높은 영역으로, 시간을 투자한 만큼 전 점수로 연결되기 쉬운 파트입니다. 전기이론과 전기기기를 공부하는 자투리 시간을 활용하여 전기설비 기출 지문과 표, 수치들을 반복적으로 확인하며 학습하는 것이 효과적입니다. 특히 기준 수치나 설치 기준, 보호 장치와 관련된 규정은 시험에서 그대로 묻는 경우가 많기 때문에 자주 눈에 익히는 것이 중요합니다. 처음부터 모든 내용을 완벽하게 외우기보단, 기출문제에서 반복적으로 등장하는 규정과 수치 위주로 정리하고 회독수를 늘려가는 방식으로 학습하시면 부담을 줄이면서도 효율적으로 점수를 확보할 수 있습니다.

PART
02

다빈출
기출 유형 문제

Chapter 01 출제 예상문제
Chapter 02 2025 기출복원문제

출제예상문제

01 전기이론

전기의 성질과 전하에 의한 전기장/전기의 본질/원자와 분자

1 외부 에너지에 의해 원자에서 떨어져 나올 수 있는 것은 무엇인가?

① 양성자　　　　　　　　　　　　② 중성자
③ 분자　　　　　　　　　　　　　④ 자유전자

▶ **해설** | ④ 원자 외곽에 있는 전자가 열, 빛 등의 외부 에너지를 받으면 원자의 구속을 벗어나 자유롭게 이동할 수 있는데 이를 자유전자라고 한다.

　　▶ **시험장 풀이전략** |

　　양성자와 중성자는 원자핵에 강하게 결합되어 있어 외부 에너지로는 떨어져 나오지 않으며, 분자는 원자보다 큰 개념이므로 해당되지 않는다. 외부 에너지(열, 빛, 전기)는 원자핵이 아닌 전자 궤도에만 영향을 주며, 이로 인해 전자가 원자를 이탈해 자유전자가 된다.

전기의 성질과 전하에 의한 전기장/전기의 본질/도체와 부도체

2 낮은 온도에서는 전류가 거의 통하지 않고 높은 온도에서는 전기가 잘 통하며 다이오드, 트랜지스터, 집적회로(IC) 등에 사용되는 것은?

① 도체　　　　　　　　　　　　　② 부도체
③ 절연체　　　　　　　　　　　　④ 반도체

▶ **해설** | ④ **반도체(Semiconductor)** : 도체와 부도체의 중간 정도로 전기가 흐르는 물질이다. 온도가 높아지면 전기가 더 잘 통하고 온도가 낮아지면 거의 흐르지 않는다. 규소(Si)와 게르마늄(Ge)이 대표적이며, 다이오드, 트랜지스터, 집적회로(IC) 등 각종 전자소자의 핵심 재료로 사용된다.
　　① **도체(Conductor)** : 자유전자가 많아 전기가 잘 흐르는 물질이다. 구리, 알루미늄, 금, 은 등 금속이 대표적인 도체이다.
　　②③ **부도체(Insulator)** : 자유전자가 매우 적어 전기가 거의 흐르지 않는 물질이다. 고무, 나무, 유리, 플라스틱 등이 여기에 해당하며 부도체와 절연체는 같은 의미로 사용된다.

3 전기적으로 중성이던 물체가 전자를 잃거나 얻음으로써 전기를 띠게 되는 현상은?

① 마찰

② 대전

③ 전하

④ 전력

▶ **해설** | ② 대전은 중성이던 물체가 전자를 잃거나 얻어 양(+) 또는 음(−)의 전하를 띠게 되는 현상을 말한다.

▶ **TIP** | 전하 … 어떤 물질이 전자를 잃거나 얻음에 따라 양(+) 또는 음(−)의 전기를 띠는 상태의 물질이다.

▶ **시험장 풀이전략** |

대전과 전하가 헷갈릴 수 있다. 대전은 전자가 이동하여 +, −전하를 띠게 되는 현상이고, 전하는 +, −의 전기적 성질을 갖게 되는 물질이다.

4 평행판 도체의 정전용량이 가장 크게 되는 경우로 옳은 것은?

① 유전율 : 2배, 극판거리 : 2배

② 유전율 : 2배, 극판거리 : 1/2배

③ 유전율 : 1/2배, 극판거리 : 1/2배

④ 유전율 : 1/2배, 극판거리 : 2배

▶ **해설** | ② 평행판 도체의 정전용량은 $C = \varepsilon \dfrac{A}{d}$ 에서 2ε 과 $\dfrac{1}{2}d$ 를 대입하면 $2\varepsilon \dfrac{A}{\frac{1}{2}d} = 4C$(4배 증가)가 된다.

▶ **시험장 풀이전략** |

평행판 도체의 정전용량은 $C = \varepsilon \dfrac{A}{d}$ 이다. 정전용량(C)은 유전율(ε), 면적(A)에 비례하고, 극판거리(d)에 반비례한다는 점을 생각해 숫자를 대입해 문제를 푼다.

Answer.   1.④   2.④   3.②   4.②

5 극성을 가지고 있으며 교류에 사용할 수 없는 콘덴서는?

① 마이카 콘덴서

② 가변 콘덴서

③ 전해 콘덴서

④ 세라믹 콘덴서

▶ **해설** │ ① 마이카 콘덴서 : 극성이 없으며 절연저항이 뛰어나고 안정적인 표준형 콘덴서이다.

② 가변 콘덴서 : 용량을 조절할 수 있고, 교류에서만 쓰인다. 바리콘이라고도 불린다.

③ 전해 콘덴서 : 용량이 작고 극성이 있으며, 직류에만 쓰인다.

④ 세라믹 콘덴서 : 극성이 없고 교류에서 쓰인다. 작고 저렴하며 효율이 좋다.

▶ **TIP** │ 콘덴서의 종류

㉠ 마일러 콘덴서 : 필름을 원통 형태로 감아 제작되며 절연저항이 양호하다.

㉡ 탄탈 콘덴서 : 극성이 있고, 누설전류와 온도에 의한 용량 변화가 적으며 주파수 특성이 뛰어나다. 직류용으로 사용된다.

6 $2\,[F]$, $4\,[F]$, $5\,[F]$의 콘덴서 3개를 병렬 연결하고, $100\,[V]$의 전압을 가했을 때 전기량 $Q[C]$는?

① 100

② 500

③ 800

④ 1,100

▶ **해설** │ ④ 콘덴서를 병렬연결 시 합성 정전용량을 C_0이라고 할 때, 병렬 합성 정전용량은 $C_0 = 2+4+5 = 11[F]$, 전기량은 $Q = CV = 11 \times 100 = 1,100[C]$이다.

7 정전용량이 $10[\mu F]$인 콘덴서에 $100[V]$의 전압을 가했을 때, 콘덴서에 저장되는 에너지는 몇 $[J]$인가?

① 10×10^{-1}

② 10×10^{-2}

③ 5×10^{-1}

④ 5×10^{-2}

▶ **해설** │ ④ $W = \dfrac{1}{2}CV^2 = \dfrac{1}{2} \times 10 \times 10^{-6} \times 100^2 = 5 \times 10^{-2}[J]$

8 정전용량 $C[F]$의 콘덴서에 $W[J]$의 에너지를 축적하려면 필요한 전압$[V]$은?

① $\sqrt{\dfrac{2C}{W}}$

② $\sqrt{\dfrac{2W}{C}}$

③ $\sqrt{\dfrac{W}{2C}}$

④ $\sqrt{\dfrac{C}{2W}}$

▶ **해설** ｜ ② $W = \dfrac{1}{2}CV^2$에서 $V^2 = \dfrac{2W}{C}$ ⇒ $V = \sqrt{\dfrac{2W}{C}}\,[V]$

▶ **시험장 풀이전략** ｜

콘덴서 에너지 W → 전압 V $= \sqrt{\dfrac{2W}{C}}$

9 다음 중 전계의 단위로 옳은 것은?

① $[V/m]$

② $[AT/m]$

③ $[N \cdot m/C]$

④ $[C/m^2]$

▶ **해설** ｜① 전계(전기장의 세기) : $[V/m = N/C]$

② 자계(자기장의 세기) : $[AT/m]$

③ 전위 : $[V = J/C = N \cdot m/C]$

④ 전속밀도 : $[C/m^2]$

▶ **시험장 풀이전략** ｜

전계 $E = \dfrac{F}{Q}[N/C] = \dfrac{V}{d}[V/m]$

Answer. 5.③ 6.④ 7.④ 8.② 9.①

10 다음 중 전기력선의 설명으로 옳지 않은 것은?

① 전기력선은 서로 교차하지 않는다.

② 전기력선은 양전하에서 시작하여 음전하로 들어간다.

③ 전기력선의 밀도는 전기장의 세기와 같다.

④ 전기력선은 등전위면과 교차하지 않는다.

▶**해설** | ④ 전기력선은 등전위면과 수직(90°)으로 교차한다.

▶**TIP** | **전기력선의 성질**
㉠ 서로 교차하지 않는다.
㉡ 양전하(+)에서 시작하여 음전하(-)로 들어간다.
㉢ 밀도는 전기장의 세기(전계의 세기)와 같다.
㉣ 등전위면과 수직(90°)으로 교차한다.
㉤ 높은 곳에서 낮은 곳으로 향한다.
㉥ 도체의 내부에는 존재하지 않는다.
㉦ 접선 방향은 전기장의 방향을 나타낸다.

11 쿨롱의 법칙에 따라 두 전하의 거리가 증가할수록 전기력은 어떻게 변화하는가?

① 전기력은 커진다.

② 전기력은 작아진다.

③ 전기력은 변하지 않는다.

④ 전기력이 0이다.

▶**해설** |
② 쿨롱의 법칙 $F = K\dfrac{Q_1 Q_2}{r^2}[N]$에서 전기력은 거리 r이 클수록 $F \propto \dfrac{1}{r^2}$에 비례해 작아진다.

▶**시험장 풀이전략** |

$F = K\dfrac{Q_1 Q_2}{r^2}[N]$에서 전기력 $F \propto \dfrac{1}{r^2}$, 즉 거리가 멀수록 약해진다.

12 진공 중의 두 점전하 $Q_1[C]$, $Q_2[C]$가 거리 $r[m]$만큼 떨어져 있을 때 작용하는 정전력$[N]$으로 옳은 것은?

① $9 \times 10^6 \times \dfrac{Q_1 Q_2}{r^2}$

② $9 \times 10^7 \times \dfrac{Q_1 Q_2}{r^2}$

③ $9 \times 10^8 \times \dfrac{Q_1 Q_2}{r^2}$

④ $9 \times 10^9 \times \dfrac{Q_1 Q_2}{r^2}$

▶ **해설** | ④ $F = \dfrac{1}{4\pi\varepsilon_0} \times \dfrac{Q_1 Q_2}{r^2} = 9 \times 10^9 \times \dfrac{Q_1 Q_2}{r^2}[N]$

▶ **시험장 풀이전략** |

정전력을 구하는 공식은 $F = \dfrac{1}{4\pi\varepsilon_0} \times \dfrac{Q_1 Q_2}{r^2} = 9 \times 10^9 \times \dfrac{Q_1 Q_2}{r^2}[N]$, 그대로 암기하기!

13 5$[C]$의 전기량이 두 점 사이를 이동하여 20$[J]$의 일을 하였다면 이 두 점 사이의 전위차는 몇 $[V]$인가?

① 2

② 3

③ 4

④ 5

▶ **해설** | ③ $V = \dfrac{W}{Q} = \dfrac{20}{5} = 4[V]$

▶ **시험장 풀이전략** |

전위차는 단위 전기량당 한 일의 양으로 정의된다. $V = \dfrac{W}{Q}$, $W = QV$ 공식을 전환해 계산할 수 있어야 한다.

📝 **Answer.** 10.④ 11.② 12.④ 13.③

14 비유전율이 5인 유전체 내부에서 전속밀도가 $4 \times 10^{-10}[C/m^2]$인 지점의 전기장 세기$[V/m]$로 옳은 것은?

① 8.05

② 9.03

③ 10.4

④ 12

▶ **해설** ② 전속밀도는 $D = \dfrac{Q}{A} = \varepsilon E = \varepsilon_0 \varepsilon_S E$, 진공 유전율은 $\varepsilon_0 = 8.855 \times 10^{-12}[F/m]$, 비유전율은 ε_S (매질마다 다름, 진공·공기 시 1)이므로 $D = \varepsilon_0 \varepsilon_S E$에서 $E = \dfrac{D}{\varepsilon_0 \varepsilon_S} = \dfrac{4 \times 10^{-10}}{8.855 \times 10^{-12} \times 5} = 9.03$

▶ **시험장 풀이전략**

핵심 키워드는 '비유전율'과 '전속밀도'이다. $D = \varepsilon E = \varepsilon_0 \varepsilon_r E$ 식을 떠올려 $E = \dfrac{D}{\varepsilon_0 \varepsilon_r}$로 전환해 계산한다.

15 히스테리시스 곡선에서 종축과 횡축이 만나는 점의 값으로 옳은 것은?

① 종축 : 잔류자기, 횡축 : 보자력

② 종축 : 잔류자기, 횡축 : 자속밀도

③ 종축 : 보자력, 횡축 : 잔류자기

④ 종축 : 보자력 횡축 : 자속밀도

▶ **해설** 히스테리시스 곡선
　　　㉠ 종축 : 자속밀도(B)
　　　㉡ 종축과 만나는 점 : 잔류자기
　　　㉢ 횡축 : 자계(H)
　　　㉣ 횡축과 만나는 점 : 보자력

16 자석의 성질에 대한 설명으로 옳지 않은 것은?

① 자석은 계속 잘라도 항상 N극과 S극이 한 쌍으로 존재한다.

② 같은 극끼리는 척력이, 다른 극끼리는 흡인력이 작용한다.

③ 자석은 N극에서 나와 S극으로 들어간다.

④ 자석을 임계온도(퀴리온도) 이상으로 가열하면 자석의 성질이 더 강해진다.

▶ **해설** | ④ 자석은 임계온도(퀴리온도)에 도달하면 자석의 성질이 사라진다.

17 자극의 세기가 $m_1 = 6 \times 10^{-3}[Wb]$, $m_2 = 8 \times 10^{-3}[Wb]$이고, 거리가 $20[cm]$인 두 자극 사이에 작용하는 힘은 약 몇 $[N]$인가?

① 76

② 85

③ 90

④ 106

▶ **해설** |
① $F = \dfrac{1}{4\pi\mu_0}\dfrac{m_1 m_2}{r^2} = \dfrac{1}{4\pi \times 4\pi \times 10^{-7}}\dfrac{6 \times 10^{-3} \times 8 \times 10^{-3}}{(20 \times 10^{-2})^2} = 75.99 ≒ 76[N]$

▶ **시험장 풀이전략** |

'두 자극 사이에 작용하는 힘'이라는 핵심 키워드가 보이면 '자기적 쿨롱의 법칙'을 바로 떠올릴 수 있어야 한다.

거리 r의 단위는 $[m]$인데 $[cm]$로 나올 수 있으니 단위를 주의 깊게 보고 $[cm]$인 경우 $10^{-2}[m]$로 변환하여 계산한다.

$F = \dfrac{1}{4\pi\mu_0}\dfrac{m_1 m_2}{r^2}[N]$

📖 **Answer.** 14.② 15.① 16.④ 17.①

18 자기력선의 성질로 옳지 않은 것은?

① 자기력선은 폐곡선이다.

② 자기력선의 밀도는 자계의 세기와 비례한다.

③ 자기력선은 서로 교차하지 않는다.

④ 자기력선은 내부에서 N→S 방향으로 돌아간다.

▶**해설** |④ 자기력선은 외부에서는 N→S, 내부에서는 S→N으로 이어져 완전한 루프를 형성한다.

19 전류에 의해 생성되는 자기장의 자기력선 방향을 알 수 있는 법칙은?

① 플레밍의 왼손법칙

② 플레밍의 오른손법칙

③ 앙페르의 오른나사 법칙

④ 비오-사바르의 법칙

▶**해설** |① 플레밍의 왼손법칙 : 전동기(모터)에서 도체가 받는 힘의 방향을 판정하는 법칙이다.
　② 플레밍의 오른손법칙 : 발전기에서 유도기전력(또는 유도전류)의 방향을 판정하는 법칙이다.
　④ 비오-사바르의 법칙 : 전류에 의해 발생하는 자기장의 세기(크기)를 계산하는 법칙이다.

▶**TIP** |앙페르의 오른나사 법칙

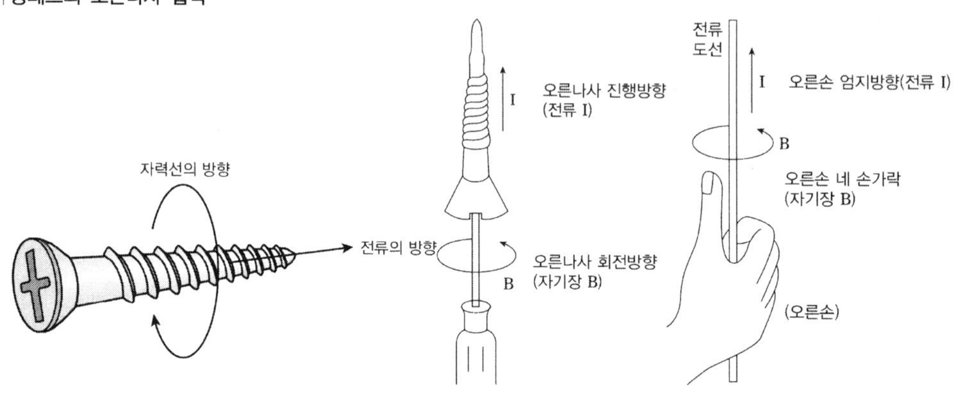

▶**시험장 풀이전략** |

자기장 법칙

㉠ 앙페르의 오른나사 법칙 → 전류 방향 → 자기장 방향 확인, 도선 주위 자기력선 나사 방향

㉡ 플레밍의 왼손법칙 → 전동기, 전류＋자기장 → 힘 방향

㉢ 플레밍의 오른손법칙 → 발전기, 운동체＋자기장 → 전류 방향

㉣ 비오-사바르 법칙 → 점 전류 요소가 만드는 미소 자기장 계산

20 환상 솔레노이드의 설명으로 옳은 것은?

① 자계는 거리에 비례한다.　　　　　② 자계는 거리에 반비례한다.

③ 자계는 전류의 제곱에 비례한다.　　④ 자계는 전류의 제곱에 반비례한다.

▶ **해설** | ② 환상 솔레노이드는 도넛 구멍에 감긴 코일 권수(N)와 전류(I)의 세기에 비례하고, 고리의 반지름(r)에 반비례한다.

▶ **TIP** | $H = \dfrac{NI}{2\pi r}\,[AT/m]$

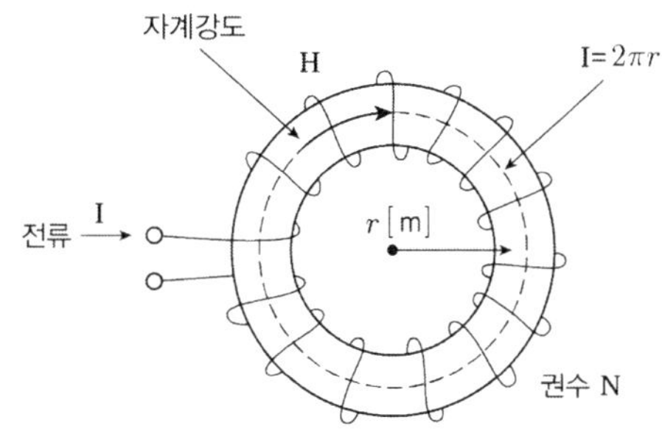

▶ **시험장 풀이전략** |

'환상 솔레노이드'라는 말이 나오면 '도넛 모양'을 떠올릴 수 있어야 한다. 자계의 세기 H는 도체에 코일을 N회 감고 전류 I가 흐르는 모습을 생각하기!

21 반지름이 20[cm]이고, 감은 횟수가 5회인 원형 코일에 20[A]의 전류가 흐를 때 코일 중심의 자기장의 세기는 몇 [AT/m]인가?

① 150　　　　　　　　　　　　　　② 200

③ 250　　　　　　　　　　　　　　④ 400

▶ **해설** | ③ $H = \dfrac{NI}{2r} = \dfrac{5 \times 20}{2 \times 0.2} = 250\,[AT/m]$

이때, 반지름 r은 단위가 m이므로 20cm를 0.2m로 변환한다.

▶ **시험장 풀이전략** |

자기장의 세기

㉠ 환상 솔레노이드 : $H = \dfrac{NI}{2\pi r}\,[AT/m]$

㉡ 원형 코일 : $H = \dfrac{NI}{2r}\,[AT/m]$

원형 코일은 환상 솔레노이드 자기장의 세기 공식에서 π 를 빼고 구할 수 있다.

Answer. 18.④　19.③　20.②　21.③

22 무한장 직선도체에 전류 $I[A]$가 흐를 때 $r\,[m]$만큼 떨어진 위치에서의 자기장 세기 $H[A/m]$는?

① $\dfrac{I}{\pi r}$

② $\dfrac{I}{\pi r^2}$

③ $\dfrac{I}{2\pi r}$

④ $\dfrac{I}{2\pi r^2}$

▶ **해설** │ ③ 무한장 직선도체에 전류(I)가 흐르면 도체를 중심으로 반지름 r인 원형 자계가 형성되며, 앙페르의 오른 나사 법칙에 의해 원의 둘레($2\pi r$) 방향으로 자계 H가 만들어진다.

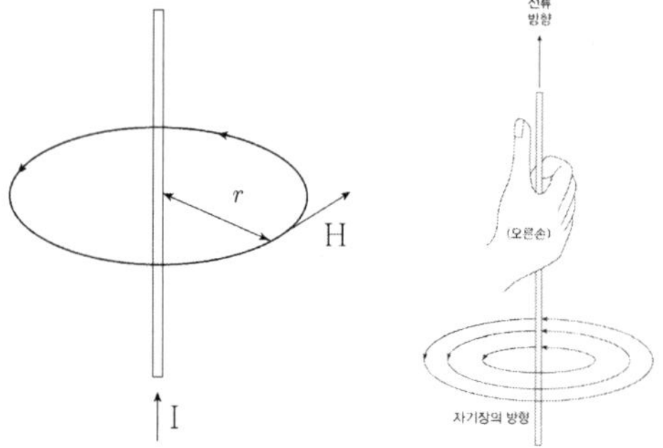

▶ **TIP** │ 전류에 의한 자기장 정의식

㉠ 환상 솔레노이드 내부 자계 : $H = \dfrac{NI}{l} = \dfrac{NI}{2\pi r}[AT/m]$

㉡ 무한장 솔레노이드 내부 자계 : $H = \dfrac{N}{l}I = nI[AT/m]$

㉢ 솔레노이드 외부 자계 : $H = 0$

㉣ 원형 코일 중심 자계 : $H = \dfrac{NI}{2r}[AT/m]$

23 자속밀도 $2[Wb/m^2]$의 평등자장 중에 길이 $4[m]$의 도선을 자장의 방향과 직각으로 놓고 이 도체에 $5[A]$의 전류가 흐르면 도선에 작용하는 힘은 몇 $[N]$인가?

① 0

② 20

③ 40

④ 80

▶ **해설** | ③ 플레밍의 왼손 법칙을 적용하면 $F = BIl\sin\theta = 2 \times 5 \times 4 \times \sin90° = 40[N]$이다.

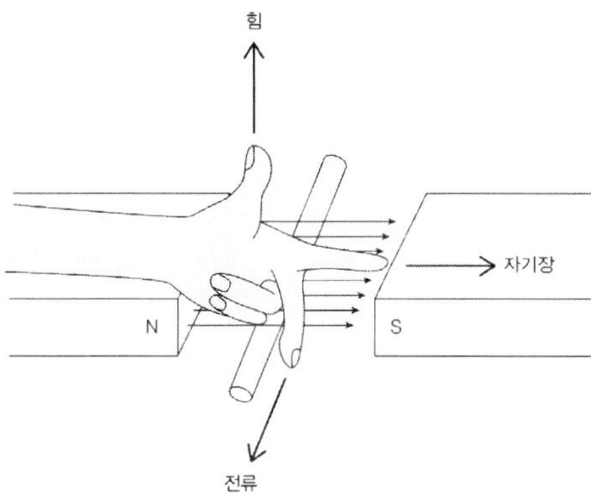

▶ **시험장 풀이전략** |

자속밀도(B), 길이(l), 전류(I), 도선을 자장의 방향과 직각($\theta = 90°$) 값이 주어졌으므로 힘과 관련된 플레밍의 왼손 법칙 공식 ($F = BIl\sin\theta[N]$) 식에 대입한다.

24 다음 중 자기저항의 단위로 옳은 것은?

① $[AT/Wb]$

② $[H/m]$

③ $[Wb/AT]$

④ $[\Omega]$

▶ **해설** | ① 기자력은 $F = NI = R\phi[AT]$,

자기저항은 $R = \dfrac{NI}{\phi}[AT/Wb]$이다.

Answer. 22.③ 23.③ 24.①

25 자기회로와 전기회로의 대칭 관계가 옳지 않은 것은?

① 자속밀도 – 전류밀도

② 자기저항 – 컨덕턴스

③ 투자율 – 도전율

④ 기자력 – 기전력

▶**해설** | ② 자기회로에서 자기저항은 전기회로에서 저항과 대칭이다.

▶**TIP** | 자기회로와 전기회로 대응 관계

자기회로		전기회로	
자속	$\phi = \dfrac{F}{R_m}[Wb]$	전류	$I = \dfrac{E}{R}[A]$
자기저항	$R_m = \dfrac{l}{\mu A}[AT/Wb]$	저항	$R = \rho\dfrac{l}{A}[\Omega]$
기자력	$F = NI = R_m\phi[AT]$	기전력	$E = IR[V]$
투자율	$\mu[H/m]$	도전율	$\sigma[\mho/m]$
자속밀도	$B = \dfrac{\phi}{A}[Wb/m^2]$	전류밀도	$i = \dfrac{I}{A}[A/m^2]$

26 두 평행 직선 도체가 진공에서 $50[cm]$ 간격으로 놓여 있다. 각 도체에 $200[A]$의 전류가 흐를 때, 두 도체 사이에 작용하는 단위 길이당 힘$[N/m]$은 얼마인가?

① 0.4×10^{-2}　　　　　　　　② 1.0×10^{-2}

③ 1.6×10^{-2}　　　　　　　　④ 2.0×10^{-2}

▶**해설** |
③ $F = \dfrac{2I_1 I_2}{r} \times 10^{-7} = \dfrac{2 \times 200 \times 200}{0.5} \times 10^{-7} = 0.016 = 1.6 \times 10^{-2}[N/m]$

▶**시험장 풀이전략** |

$\dfrac{F}{l} = \dfrac{2I_1 I_2}{r} \times 10^{-7}[N/m]$에서 도선의 길이가 주어지지 않으면 1로 생각하고, $F = \dfrac{2I_1 I_2}{r} \times 10^{-7}[N/m]$ 공식을 적용하여 계산한다. 이때 힘은 m당 값이므로, 주어진 거리의 단위는 반드시 'cm'을 'm'로 변환 후 대입해야 한다.

27 두 평행 도선의 길이가 $3[m]$, 거리가 $2[m]$인 왕복 도선 사이에 단위 길이당 작용하는 힘의 세기가 $12 \times 10^{-7}[N]$일 때 전류의 세기$[A]$는?

① 2

② 3

③ 4

④ 5

▶ 해설 |

① $\dfrac{F}{l} = \dfrac{2I_1 I_2}{r} \times 10^{-7}[N/m]$ 공식을 이용한다.

㉠ 작용하는 힘의 세기 : $F = 12 \times 10^{-7}[N]$

㉡ 도선 길이 : $l = 3[m]$

㉢ 도선 사이 거리 : $r = 2[m]$

㉣ 두 평행 왕복 도선 : $I_1 = I_2 = I$ 대입

$$\dfrac{12 \times 10^{-7}}{3} = \dfrac{2I^2}{2} \times 10^{-7}$$

∴ $I^2 = 4$이므로 $I = 2[A]$가 된다.

▶ 시험장 풀이전략 |

핵심 키워드는 '두 평행 도선', '왕복 도선', '전류의 세기'이다. 두 평행 도선 사이에 작용하는 힘은 단위 길이당 힘 공식을 사용하며, 문제에서 힘의 단위가 N으로 주어졌을 경우 전체 힘이므로 도선의 길이로 나누어 단위 길이당 힘으로 환산한다. 왕복 도선이므로 두 도선에 흐르는 전류의 크기는 같아 $I_1 = I_2 = I$로 두고 I^2을 넣어주며, 이때 도선 길이 $l[m]$와 도선 사이의 거리 $r[m]$를 혼동하지 않도록 주의한다.

Answer. **25.**② **26.**③ **27.**①

28 자기장의 변화를 방해하려는 방향으로 발생하는 유도기전력의 방향에 대한 법칙은?

① 패러데이 법칙

② 렌츠의 법칙

③ 플레밍의 오른손 법칙

④ 플레밍의 왼손 법칙

▶**해설** │ ② 렌츠의 법칙 : 유도기전력의 방향을 정의한 법칙으로, 자석을 움직여 코일의 자기선속이 변할 때 유도기전력은 그 자속
　　　　　변화를 방해하는 방향으로 생긴다.
　　　① 패러데이 법칙 : 유도기전력의 크기를 정의하는 법칙으로, 유도전압은 단위시간 동안 코일을 지나는 자속의 변화량과 코
　　　　　일의 권수에 비례하여 발생한다.
　　　③ 플레밍의 오른손 법칙 : 발전기에서 유도기전력(또는 유도전류)의 방향을 판정하는 법칙으로, 도체가 자기장 속을 이동할
　　　　　때 생기는 전압의 방향을 엄지 · 검지 · 중지로 나타내어 결정한다(엄지 : 운동, 검지 : 자기장, 중지 : 유도기전력).
　　　④ 플레밍의 왼손 법칙 : 전동기(모터)에서 도체가 받는 힘의 방향을 판정하는 법칙으로, 전류가 흐르는 도체가 자기장 속에
　　　　　있을 때 도체가 어느 방향으로 힘(자기력)을 받는지 알려준다. 이 법칙은 모터의 회전 방향 결정에 사용된다(엄지 : 힘,
　　　　　검지 : 자기장, 중지 : 전류).

29 자체 인덕턴스가 $180[mH]$, $200[mH]$인 두 코일이 있다. 두 코일 사이의 상호 인덕턴스가 $120[mH]$일 경우 결합계수는?

① 2.5

② 1.65

③ 1.3

④ 0.84

▶**해설** │ ④ $M = k\sqrt{L_1 L_2}$, $k = \dfrac{M}{\sqrt{L_1 L_2}} = \dfrac{160}{\sqrt{180 \times 200}} = 0.84$

30 자기 인덕턴스가 L_1, L_2이고 상호 인덕턴스 M의 코일을 가동 직렬 접속하였을 때 합성 인덕턴스$[H]$는?

① $L_1 + L_2 + 2M$

② $L_1 + L_2 - 2M$

③ $L_1 L_2$

④ $L_1 + L_2$

▶ **해설** | ㉠ 가동접속(인덕턴스의 방향이 같을 때) : $L_0 = L_1 + L_2 + 2M[H]$
　　　　㉡ 차동접속(인덕턴스의 방향이 다를 때) : $L_0 = L_1 + L_2 - 2M[H]$

31 자체 인덕턴스가 $5[mH]$이고, $20[A]$의 전류가 흐를 때 코일에 축적되는 에너지는 몇 $[J]$인가?

① 1

② 2

③ 4

④ 5

▶ **해설** | ① $W = \frac{1}{2}LI^2 = \frac{1}{2} \times 5 \times 10^{-3} \times 20^2 = 1[J]$

32 저항값이 $30[\Omega]$인 전구에 $120[V]$의 전압을 인가했을 때, 전구에 흐르는 전류는 몇 $[A]$인가?

① 10

② 8

③ 4

④ 2

▶ **해설** | ③ $I = \frac{V}{R} = \frac{120}{30} = 4[A]$

Answer. 28.② 29.④ 30.① 31.① 32.③

33 전압과 전류의 측정 범위를 확대하기 위해 배율기와 분류기를 사용할 때, 전압계와 전류계의 연결 방법으로 옳은 것은?

① 배율기는 전압계와 직렬 연결, 분류기는 전류계와 직렬 연결

② 배율기는 전압계와 병렬 연결, 분류기는 전류계와 직렬 연결

③ 배율기는 전압계와 병렬 연결, 분류기는 전류계와 병렬 연결

④ 배율기는 전압계와 직렬 연결, 분류기는 전류계와 병렬 연결

▶ **해설** | ④ 배율기는 전압계의 측정 범위를 넓히기 위해 직렬로 연결하여 전압을 나누어 갖는 저항이며, 분류기는 전류계의 측정 범위를 넓히기 위해 병렬로 연결하여 전류를 나누어 흐르게 하는 저항이다

▶ **TIP** | 부하 기준 계측기 연결법
　　　　㉠ 부하와 전압계 → 병렬 연결
　　　　㉡ 부하와 전류계 → 직렬 연결

34 전기의 전도율이 높은 순서부터 나타낸 것은?

① 구리 → 은 → 납 → 알루미늄

② 구리 → 철 → 알루미늄 → 은

③ 은 → 철 → 납 → 알루미늄

④ 은 → 구리 → 금 → 알루미늄

▶ **해설** | ④ 금속의 전도율은 '은 > 구리 > 금 > 알루미늄 > 텅스텐 > 아연 > 니켈 > 철 > 백금 > 주석 > 납' 순서로 높다.

35 저항이 R$[\Omega]$인 도체를 체적이 일정한 상태에서 길이를 2배로 늘릴 경우, 저항은 처음보다 몇 배 증가하는가?

① 1

② 2

③ 3

④ 4

▶ **해설**
④ 체적이 일정할 경우 $R=\rho\dfrac{l}{A}$ 에서 길이(l)가 2배가 되면 단면적(A)은 1/2이 된다.

$$R^{'}=\rho\dfrac{2l}{\dfrac{A}{2}}=\rho\dfrac{4l}{A}=4R$$이 되어 저항은 처음에 비해 4배로 증가한다.

▶ **시험장 풀이전략**

저항과 길이, 단면적이 같이 나오는 문제는 저항의 기본식 $R=\rho\dfrac{l}{A}[\Omega]$를 적용한다.

체적이 일정하므로 lA=일정 → 길이를 2배로 늘리면 단면적은 1/2로 감소한다.

따라서 $R\propto\dfrac{l}{A}=\dfrac{2}{1/2}=4$가 되어 저항은 4배 증가한다.

36 옴의 법칙으로 옳지 않은 것은?

① 전류는 저항에 반비례한다.

② 전압은 전류에 비례한다.

③ 전류는 저항에 비례한다.

④ 전압은 저항에 비례한다.

▶ **해설**
③ $I=\dfrac{V}{R}[A]$, $V=IR[V]$, $R=\dfrac{V}{I}[\Omega]$, 전류는 저항에 반비례하고 전압에 비례하며, 전압은 전류와 저항에 비례한다.

Answer. 33.④ 34.④ 35.④ 36.③

37 그림과 같은 회로에서 합성저항은 몇 $[\Omega]$인가?

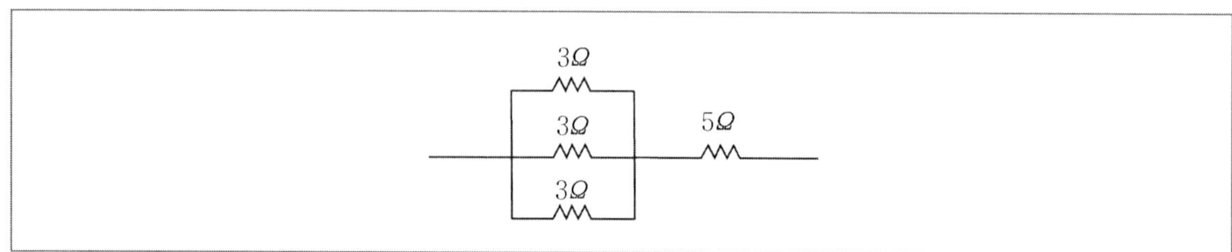

① 5

② 6

③ 7

④ 8

▶ **해설** │ ② 3$[\Omega]$의 저항 3개가 병렬로 연결되어 있다. 같은 저항이 n개 병렬 연결 되어 있을 때는 $R_{병렬} = \dfrac{R}{n}$을 적용한다.

$R_{병렬}$과 5$[\Omega]$이 직렬 연결되어 있으므로 $\dfrac{R_1}{n} + R_2 = \dfrac{3}{3} + 5 = 6[\Omega]$이다.

▶ **시험장 풀이전략** │

핵심 키워드는 '합성저항', '병렬 → 직렬 연결'이다. 같은 저항이 n개 병렬일 때에는 $R_{병렬} = \dfrac{R}{n}$을 적용해 간단하게 병렬 합성저항을 구한 뒤, 직렬 접속된 저항과 더해 계산한다.

38 150$[\Omega]$의 저항 3개를 연결하여 가장 최소로 얻을 수 있는 저항 값은 몇 $[\Omega]$인가?

① 50

② 60

③ 70

④ 80

▶ **해설** │ ① 전기회로에서 가장 최소의 합성저항은 병렬일 때이다.

동일한 저항이 여러 개 있을 경우 $R_{병렬} = \dfrac{R}{n} = \dfrac{150}{3} = 50[\Omega]$이 된다.

39 저항 $6[\Omega]$과 $4[\Omega]$을 직렬 연결할 경우 합성 컨덕턴스 $G[\mho]$는?

① 0.01

② 0.1

③ 1

④ 10

▶ **해설** | ② $R_{직렬} = 6 + 4 = 10[\Omega]$

$$G = \frac{1}{R} = \frac{1}{10} = 0.1[\mho]$$

▶ **시험장 풀이전략**

컨덕턴스(G) = 저항의 역수($\frac{1}{R}$)이므로, 합성저항을 구한 뒤 합성저항의 역수로 구한다.

40 다음 중 키르히호프의 법칙에 대한 설명으로 옳지 않은 것은?

① 임의의 한 점에서 유입되는 전류의 합과 유출되는 전류의 합은 같다.

② 전류의 부호는 유입되는 전류를 음의 값, 유출되는 전류를 양의 값으로 설정한다.

③ 폐회로에서는 키르히호프의 제2법칙을 적용한다.

④ 폐회로에서 기전력의 총합은 전압강하의 총합과 같다.

▶ **해설** | ② 키르히호프의 제1법칙에 의해 전류의 부호는 유입되는 전류를 양(+)의 값, 유출되는 전류를 음(−)의 값으로 정한다.

▶ **TIP** | 키르히호프의 제1 · 2법칙

    ㉠ 키르히호프의 제1법칙 → 전류 법칙

    • 임의의 한 점에서 유입되는 전류의 합과 유출되는 전류의 합은 같다.

    • 전류의 부호는 유입되는 전류를 양(+)의 값, 유출되는 전류를 음(−)의 값으로 설정한다.

    ㉡ 키르히호프의 제2법칙 → 전압 법칙

    • 폐회로에서 기전력의 총합은 전압강하의 총합과 같다.

    • 기준이 되는 전류의 방향과 같은 방향의 기전력은 +로 표시하고, 다른 방향은 −로 표시하여 방정식을 만든다.

Answer. **37.**② **38.**① **39.**② **40.**②

41 $e(t) = 50\sin\left(200t - \dfrac{\pi}{3}\right)[V]$인 파형의 주파수$(f)$는 몇 $[Hz]$인가?

① 10.2

② 16

③ 25.4

④ 31.8

▶ **해설** │ ④ 각주파수 $w = 2\pi f$이므로,

$$200 = 2 \times 3.14 \times f$$

$$f = \frac{200}{2 \times 3.14} = 31.8[Hz]$$

▶ **시험장 풀이전략** │

위와 같은 형태의 식이 나오면 정현파 교류 표준식을 떠올린다.

$$e(t) = E_m\sin(wt + \theta)[V]$$

e : 교류 전압(기전력)의 순간값, E_m : 최댓값, w : 각주파수, t : 시간, θ : 위상

식에서 t앞의 계수를 각주파수 w로 보고, 각주파수 공식 $w = 2\pi f$에 대입하여 f를 계산한다.

42 최댓값이 V_m인 정현파의 평균값 $V_{av}[V]$은?

① V_m

② $\dfrac{V_m}{2}$

③ $\dfrac{2V_m}{\pi}$

④ $\dfrac{V_m}{\sqrt{2}}$

▶ **해설** │
③ 정현파의 평균값은 $\dfrac{2V_m}{\pi}$이다.

▶ **TIP** │ 평균값

파형	최댓값	실횻값	평균값	파형률	파고율
정현파	V_m	$\dfrac{V_m}{\sqrt{2}}$	$\dfrac{2V_m}{\pi}$	1.111	1.414($\sqrt{2}$)
반파정현파	V_m	$\dfrac{V_m}{2}$	$\dfrac{V_m}{\pi}$	1.571	2
구형파	V_m	V_m	V_m	1	1
반파구형파	V_m	$\dfrac{V_m}{\sqrt{2}}$	$\dfrac{V_m}{2}$	1.414($\sqrt{2}$)	1.414($\sqrt{2}$)
톱니파 · 삼각파	V_m	$\dfrac{V_m}{\sqrt{3}}$	$\dfrac{V_m}{2}$	1.155	1.732($\sqrt{3}$)

43 실효값 $10[A]$, 주파수 $f=60[Hz]$, 위상 $30°$인 전류의 순시값 $i[A]$의 수식으로 옳은 것은?

① $i(t)=10\sqrt{2}\,sin(120\pi t+\dfrac{\pi}{6})$

② $i(t)=10sin(120\pi t+\dfrac{\pi}{6})$

③ $i(t)=10\sqrt{2}\,sin(120\pi t+\dfrac{\pi}{3})$

④ $i(t)=10sin(120\pi t+\dfrac{\pi}{3})$

▶ **해설** | ① $i(t)=I_m sin(2\pi ft+\theta)=실횻값\times\sqrt{2}\,sin(2\pi ft+\theta)=10\times\sqrt{2}\,sin(120\pi t+30°)=10\sqrt{2}\,sin(120\pi t+\dfrac{\pi}{6})[A]$

▶ **시험장 풀이전략** |

정현파 교류 전류의 표준식을 떠올린다.

$i(t)=I_m sin(wt+\theta)[A]$

최댓값 I_m이 주어지지 않고, 실횻값이 주어졌으므로 실횻값 $=\dfrac{I_m}{\sqrt{2}}$에서 $I_m=$실횻값 $\sqrt{2}$를 대입하여 계산한다.

각도 계산 시 $\pi[rad]=180°$는 암기 필수!

$\dfrac{\pi}{6}[rad]=\dfrac{180°}{6}=30°$

44 $220[V]$ 교류 전원에 $750[W]$ 소형 전동기를 접속하였더니 $10[A]$의 전류가 흘렀다. 이 전동기의 역률은?

① 0.1

② 0.2

③ 0.3

④ 0.4

▶ **해설** | ③ $cos\theta=\dfrac{P(유효전력)}{P_a(피상전력)}=\dfrac{VIcos\theta}{VI}=\dfrac{750}{220\times10}=0.3$

▶ **TIP** | 유효전력 $\cdots P=VIcos\theta[W]$

📄 **Answer.** 41.④ 42.③ 43.① 44.③

45 RLC 직렬회로에서 공진주파수 $f\,[Hz]$의 식으로 옳은 것은?

① $\dfrac{R}{2\pi LC}$

② $\dfrac{R}{LC}$

③ $\dfrac{1}{2\pi LC}$

④ $\dfrac{1}{2\pi\sqrt{LC}}$

▶해설 | ④ RLC 직렬회로에서 공진이란 유도 리액턴스 X_L와 용량성 리액턴스 X_C가 같아져 서로 상쇄되는 상태를 말한다 $(X_L = X_C)$.

$$X_L = wL, \;\; X_C = \frac{1}{wC}\text{에서}\;\; wL = \frac{1}{wC} \to w^2 = \frac{1}{LC} \to w = \frac{1}{\sqrt{LC}}\;\text{가 된다.}$$

$w = 2\pi f$ 식에서 주파수 f에 관한 식으로 정리하면,

$$f = \frac{w}{2\pi} = \frac{1}{2\pi} \times \frac{1}{\sqrt{LC}} = \frac{1}{2\pi\sqrt{LC}}\,[Hz]\;\text{가 된다.}$$

▶ TIP | RLC 직렬공진 회로

ㄱ 공진 주파수 : $f = \dfrac{1}{2\pi\sqrt{LC}}[Hz]$

ㄴ 공진 각주파수 : $w = \dfrac{1}{\sqrt{LC}}$

ㄷ 직렬공진 조건 : $X_L = X_C\,(\omega L = \dfrac{1}{\omega C})$

ㄹ 임피던스 절대값 : $Z = \sqrt{R^2 + (X_L - X_C)^2}\,[\Omega]$

ㅁ 임피던스(Z) 최소, 전류(I) 최대

46 교류 회로에서 무효전력의 단위로 옳은 것은?

① VA

② W

③ J

④ var

▶해설 | ① 피상전력 : $P_a = VI\,[VA]$

② 유효전력 : $P = VI\cos\theta\,[W]$

③ 에너지/일 : $W\,[J]$

④ 무효전력 : $P_r = VI\sin\theta\,[var]$

47 $R = 6[\Omega], X_L = 8[\Omega]$인 **직렬회로에** $V = 200\sqrt{2}\, sinwt\,[W]$**의 전압을 가할 때 전력 P**$[W]$**는?**

① 1,800

② 2,400

③ 3,600

④ 4,800

▶ **해설** │ ② $V = 200\sqrt{2}\, sinut\,[W]$에서 전압의 최댓값($V_m$) = $200\sqrt{2}\,[V]$이다.

전력 계산 시 필요한 실효값(V) = $\dfrac{V_m}{\sqrt{2}} = \dfrac{200\sqrt{2}}{\sqrt{2}} = 200[V]$이므로,

$$I = \frac{V}{Z} = \frac{V}{\sqrt{R^2 + X_L^2}} = \frac{200}{\sqrt{6^2 + 8^2}} = \frac{200}{10} = 20[A]$$가 된다.

소비전력(P)은 저항(R)에서만 발생하므로 다음과 같이 구한다.

$$P = I^2 R = 20^2 \times 6 = 2,400[W]$$

▶ **다르게 풀어보기** │

소비전력(P)은 역률($\cos\theta = \dfrac{R}{Z} = \dfrac{6}{10} = 0.6$)을 이용해 구할 수도 있다.

$$P = VI\cos\theta = 200 \times 20 \times 0.6 = 2,400[W]$$

48 **대칭 3상 교류회로에서 각 상 간의 위상차로 옳은 것은?**

① $\dfrac{\pi}{2}$

② $\dfrac{\pi}{3}$

③ $\dfrac{2\pi}{3}$

④ π

▶ **해설** │ ③ 대칭 3상 교류회로에서 각 상 간 위상차는 $\dfrac{2\pi}{3}[rad] = 120°$ 이다.

▤ **Answer.** 45.④ 46.④ 47.② 48.③

49 평형 3상의 전원과 부하를 △결선하였을 때 옳은 것은? (단, 선간전압 : V_l, 상전압 : V_p, 선전류 : I_l, 상전류 : I_p)

① $V_l = \sqrt{3}\, V_p,\ I_l = I_p$

② $V_l = V_p,\ I_l = \sqrt{3}\, I_p$

③ $V_l = \sqrt{3}\, V_p,\ I_l = \sqrt{3}\, I_p$

④ $V_l = V_p,\ I_l = 3 I_p$

▶ **해설** | △결선의 특징

    ㉠ $V_l = V_p$

    ㉡ $I_l = \sqrt{3}\, I_p$

▶ **TIP** | Y결선의 특징

    ㉠ $V_l = \sqrt{3}\, V_p$

    ㉡ $I_l = I_p$

50 3상 △결선에서 Y결선으로 바꾸면 전력은 몇 배로 되는가?

① $\dfrac{1}{\sqrt{3}}$ 배

② $\sqrt{3}$ 배

③ $\dfrac{1}{3}$ 배

④ 3배

▶ **해설** | ③ 3상 평형 부하에서 전원 선간전압 V_l이 일정하고, 각 상의 부하 임피던스 Z가 동일하다고 할 때 △→Y로 변경하면 각 상에 걸리는 상전압이 달라진다. △결선 시 상전압(V_p)은 선간전압(V_l)과 같고($V_{\triangle p} = V_l$), Y결선 시 상전압이 선간전압의 $\dfrac{1}{\sqrt{3}}$ 배이므로 $V_{Yp} = \dfrac{V_l}{\sqrt{3}}$ 이 된다. 따라서 △→Y로 바꾸면 상전압(V_p)이 $\dfrac{1}{\sqrt{3}}$ 배로 감소한다. 상전류(I_p)는 옴의 법칙으로 $I_p = \dfrac{V_p}{Z}$ 이므로, 상전압이 $\dfrac{1}{\sqrt{3}}$ 배로 줄어들면 상전류도 $I_{Yp} = \dfrac{1}{\sqrt{3}} I_{\triangle p}$ 처럼 $\dfrac{1}{\sqrt{3}}$ 배로 감소한다. 3상 유효전력 $P = 3 V_p I_p \cos\theta$ 에서 △→Y로 변경 시 $P_Y = \left(\dfrac{1}{\sqrt{3}}\right)\left(\dfrac{1}{\sqrt{3}}\right) P_\triangle = \dfrac{1}{3} P_\triangle$ 가 되어 전력은 $\dfrac{1}{3}$ 배로 감소한다.

▶ **시험장 풀이전략** |

㉠ △ → Y 변경 시 : 상전압과 상전류는 각각 $\dfrac{1}{\sqrt{3}}$ 배, 전력은 $\dfrac{1}{3}$ 배가 된다.

㉡ Y → △ 변경 시 : 상전압과 상전류는 각각 $\sqrt{3}$ 배, 전력은 3배가 된다.

51 2전력계법으로 평형 3상 전력을 측정하였더니 $P_1 = 200\,[W]$, $P_2 = 400\,[W]$일 때, 소비전력 $[W]$는 얼마인가?

① 600

② 800

③ 1000

④ 1200

▶ **해설** | ① $P = P_1 + P_2 = 200 + 400 = 600\,[W]$

52 비정현파의 구성 성분으로 옳지 않은 것은?

① 기본파

② 고조파

③ 구형파

④ 직류분

▶ **해설** | ③ 비정현파는 푸리에 급수에 의해 직류분, 기본파, 고조파의 합으로 구성된다. 구형파는 비정현파의 한 종류(파형의 형태)일 뿐, 구성 성분이 아니다.

▶ **시험장 풀이전략**

푸리에 급수는 비정현파를 여러 개의 정현파의 합으로 표시한 식으로, '비정현파 = 직류분 + 기본파 + 고조파'이다.

Answer. 49.② 50.③ 51.① 52.③

53 전류의 열작용과 관계있는 법칙은?

① 줄의 법칙

② 렌츠의 법칙

③ 패러데이 법칙

④ 쿨롱의 법칙

▶ **해설** | ① **줄의 법칙** : 도체에 전류가 흐를 때 발생하는 열에너지가 전류의 제곱, 저항, 흐른 시간에 비례한다는 법칙($Q = I^2Rt\,[J]$) 이다.
② **렌츠의 법칙** : 유도 기전력의 방향은 자속의 변화를 방해하려는 방향으로 발생한다는 법칙이다.
③ **패러데이 법칙** : 유도 기전력의 크기는 코일을 지나는 자속의 시간적 변화율과 권수에 비례한다는 법칙이다.
④ **쿨롱의 법칙** : 두 점전하 사이에 작용하는 힘은 두 전하량의 곱에 비례하고, 거리의 제곱에 반비례한다는 법칙이다.

54 서로 다른 두 종류의 금속을 접속한 상태에서 접점에 온도 차이가 발생하면, 그로 인해 열기전력이 생겨 전류가 흐르는 현상은 무엇인가?

① 홀 효과

② 톰슨 효과

③ 제벡 효과

④ 펠티에 효과

▶ **해설** | ③ **제벡 효과** : 종류가 다른 두 금속을 접합하여 폐회로를 만들고 두 접합점의 온도를 다르게 하면 이 폐회로에 기전력이 발생하여 전류가 흐르게 되는 현상이다.
① **홀 효과** : 전류가 흐르는 도체에 수직 방향으로 자기장을 걸면, 전하 입자가 로런츠 힘을 받아 한쪽으로 휘어져 전압이 발생하는 현상이다.
② **톰슨 효과** : 온도차가 있는 동일 금속 도선에 전류를 흘리면, 전류 방향에 따라 도선 내부에서 열이 발생하거나 흡수되는 현상이다.
④ **펠티에 효과** : 서로 다른 금속을 연결하여 폐회로를 만들고 폐회로에 전류가 흐르면 연결점에서 열이 발생하거나 흡수되는 현상이다.

55 전력 $1kW$를 소모하는 저항에 정격 전압의 10%만큼 낮은 전압을 걸었을 때, 저항에서 흐르는 전력은 몇 $[W]$인가?

① 650

② 810

③ 900

④ 990

▶ 해설 │
② $P = \dfrac{V^2}{R} = 1[kW] = 1000[W]$

10% 낮은 전압을 인가할 경우 V는 0.9V(90%)의 전압이 걸린다.

$P' = \dfrac{(0.9V)^2}{R} = \dfrac{0.81V^2}{R} = 0.81\dfrac{V^2}{R} = 0.81 \times 1000 = 810[W]$

▶ 시험장 풀이전략 │

핵심 키워드는 저항, 정격전압보다 10% 낮은 전압(0.9배), 전력이다.

전력 문제일 경우 $P = VI = \dfrac{V^2}{R} = I^2 R$에서 관련 항목 식을 골라 계산하면 된다.

100%를 1로 보았을 때 10% 낮은 전압은 90%의 전압을 의미하므로 0.9로 계산한다. 10% 낮다고 10%의 전압을 의미하는 것이 아니니 주의해야 한다.

56 전기분해를 통하여 석출되는 물질의 양은 통과한 전기량 및 화학당량과 어떤 관계가 있는가?

① 전기량과 화학당량의 제곱에 비례한다.

② 전기량과 화학당량의 제곱에 반비례한다.

③ 전기량과 화학당량에 비례한다.

④ 전기량과 화학당량에 반비례한다.

▶ 해설 │ ③ 전기분해를 통해 석출되는 물질의 양(W)은 전기량(Q)과 화학당량(k)에 비례한다($W = kQ = kIt[g]$).

57 묽은 황산(H_2SO_4) 용액에 구리(Cu)판과 아연(Zn)판을 넣었을 때, 음극(−)에 대한 설명으로 옳은 것은?

① 구리판, 수소 기체가 발생한다.

② 구리판, 황산에 용해된다.

③ 아연판, 수소 기체가 발생한다.

④ 아연판, 황산에 용해된다.

▶**해설** | ④ 묽은 황산 수용액에 아연판과 구리판을 넣으면 화학 반응에 의해 전지가 되어 기전력이 발생한다. 이때 아연판은 음극(−)으로 작용하여 산화 반응이 일어나고, 구리판은 양극(+)으로서 환원 반응이 진행된다. 그 결과 아연 전극은 점차 용해되며, 구리 전극의 표면에서는 수소 이온이 환원되어 수소 기체가 발생하고, 이 과정에서 외부회로로 전류가 흐르게 된다.

▶ **TIP** | 음극과 양극 특징

　　㉠ 음극(−, 아연판) : 아연이 $Zn \rightarrow Zn^{2+} + 2e^-$ 형태로 이온화되어 전자를 내놓으며 묽은 황산 용액 속으로 용해된다.(산화 반응)

　　㉡ 양극(+, 구리판) : 용액 중의 수소 이온(H^+)이 아연판에서 넘어온 전자를 받아 수소 기체(H_2)로 변한다(환원 반응).

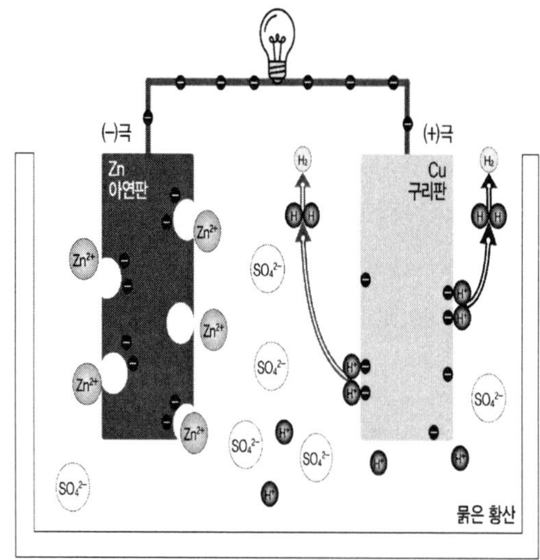

58 다음은 2차 전지에서 대표적으로 사용하는 납축전지에 대한 설명이다. (가), (나)에 들어갈 내용으로 옳은 것은?

> 납축전지의 전해액은 (가)을(를) 사용하며, 비중은 (나)정도이다.

① (가) 염화암모늄   (나) $1.1 \sim 1.2$
② (가) 묽은 황산   (나) $1.1 \sim 1.2$
③ (가) 염화암모늄   (나) $1.2 \sim 1.3$
④ (가) 묽은 황산   (나) $1.2 \sim 1.3$

▶**해설** │④ 납축전지는 전해액으로 묽은황산을 사용하며 비중은 $1.2 \sim 1.3$정도이다.

▶ **TIP** │ 1 · 2차 전지

구분	1차전지		2차전지
	볼타전지	망간전지	납축전지
양극제	Cu(구리) ※ 수소기체 발생 → 분극 현상	C(탄소막대)	PbO_2(이산화납)
음극제	Zn(아연) ※ Zn++으로 이온화되어 묽은 황산에 용해	Zn(아연)	Pb(납)
전해액	H_2SO_4(묽은 황산)	NH_4Cl(염화암모늄)	H_2SO_4(묽은 황산) ※ 비중 $1.2 \sim 1.3$

59 전압이 $5[V]$이고 내부저항이 $0.2[\Omega]$인 전지 10개를 직렬로 연결한 뒤 단락시켰을 때, 흐르는 단락전류는 몇$[A]$인가?

① 7   ② 15
③ 25   ④ 50

▶**해설** │
③ $I = \dfrac{nV}{nr+R} = \dfrac{10 \times 5}{10 \times 0.2 + 0} = 25[A]$

▶ **시험장 풀이전략** │
전지 개수가 나올 경우 전압과 내부저항에 개수만큼 합산해주고, '단락'이라는 말이 나올 경우 외부저항 R = 0으로 놓고 계산한다.

Answer.   57.④ 58.④ 59.③

60 전압 12$[V]$, 내부저항 0.2$[\Omega]$인 전지 양단에 저항 1$[\Omega]$을 연결하면 흐르는 전류는 몇 $[A]$인가?

① 2

② 10

③ 12

④ 24

▶ **해설** | ② 전체 합성저항 $= R_0 = r + R = 0.2 + 1 = 1.2[\Omega]$

$$전류 = I = \frac{V}{R_0} = \frac{12}{1.2} = 10[A]$$

61 전자에 50$[V]$의 전위차를 인가하였을 때 전자 에너지$[J]$로 옳은 것은?

① 8×10^{-18}

② 9×10^{-18}

③ 10×10^{-18}

④ 11×10^{-18}

▶ **해설** | ① $W = eV = 1.602 \times 10^{-19} \times 50 ≒ 8 \times 10^{-18}[J]$

(전자 1개의 전하량 $e = 1.602 \times 10^{-19}[C]$

62 기전력이 12$[V]$일 때 전하 50$[C]$를 이동시키는 데 필요한 에너지는 몇 $[J]$인가?

① 300

② 600

③ 3000

④ 6000

▶ **해설** | ② $W = QV = 12 \times 50 = 600[J]$

63 전압이 $4[V]$로 인가된 회로에 $2[A]$의 전류를 1분 동안 흘렸을 때 소비되는 에너지는 몇 $[J]$인가?

① 8

② 48

③ 360

④ 480

▶ **해설** | ④ $P = VI = 4 \times 2 = 8[W]$

$W = Pt = 8 \times 60(1\text{분}) = 480[J]$

64 같은 크기의 저항 4개를 가지고 얻을 수 있는 합성저항 최댓값은 최솟값의 몇 배인가?

① 2배

② 4배

③ 8배

④ 16배

▶ **해설** | ④ 직렬일 때 합성 저항값은 최대가 되고, 병렬일 때 최소가 된다.

㉠ 직렬 : $nR = 4R$

㉡ 병렬 : $\dfrac{1}{nR} = \dfrac{1}{4R}$

직렬은 병렬의 $n^2 = 4^2 = 16$배이다.

▶ **시험장 풀이전략**

직렬일 때 합성 저항 최대, 병렬일 때 합성 저항 최소임을 기억하자!

Answer. 60.② 61.① 62.② 63.④ 64.④

65 정격소비전력이 $50[W]$인 전열기에 전압 $220[V]$, 주파수 $60[Hz]$의 교류를 인가했을 때 평균 전압은 몇 $[V]$인가?

① 200

② 300

③ 400

④ 500

▶**해설** | ㉠ 실횻값 $= V = 220[V]$,

㉡ 최댓값 $= V_m = \sqrt{2}\,V = 220\sqrt{2}\,[V]$으로

㉢ 평균값 $= V_{av} = \dfrac{2}{\pi}\,V_m = \dfrac{2}{\pi} \times 220\sqrt{2} = 200[V]$

▶**다르게 풀어보기** |

$V_{av} = 0.9\,V = 0.9 \times 220 = 200[V]$

▶**시험장 풀이전략** |

문제에 주어진 $220[V]$는 교류 전압의 실횻값이며, 정현파 교류에서 평균전압은 실횻값의 약 0.9배, 최대전압은 실횻값의 $\sqrt{2}$ 배(≈ 1.414배)임을 이용해 빠르게 구할 수 있다. → $V_{av} = 0.9\,V$, $V_m = 1.414\,V$

66 Y－Y 결선에서 선간전압(V_l)이 $380[V]$인 경우 상전압(V_p)은 몇 $[V]$인가?

① $110\sqrt{3}$

② 110

③ $220\sqrt{3}$

④ 220

▶**해설** | ④ Y결선 선간전압 $V_l = \sqrt{3}\,V_p[V]$이므로

$$V_p = \dfrac{V_l}{\sqrt{3}} = \dfrac{380}{\sqrt{3}} = 220[V]\text{이다.}$$

67 평균값이 $200[V]$일 때 실횻값은 얼마인가?

① 330

② 222

③ 100

④ 55

▶ **해설** │ ② 평균값이 $V_{av} = \dfrac{2}{\pi} V_m [V]$이므로

최댓값은 $V_m = V_{av} \times \dfrac{\pi}{2} = 200 \times \dfrac{\pi}{2}[V]$,

실횻값은 $V = \dfrac{V_m}{\sqrt{2}} = \dfrac{\pi}{2\sqrt{2}} \times V_{av} = \dfrac{\pi}{2\sqrt{2}} \times 200 = 222[V]$이다.

▶ **다르게 풀어보기** │

$V = 1.11 V_{av} = 1.11 \times 200 = 222[V]$

68 다음 물질 중 강자성체로만 짝지어진 것은?

① 철, 니켈, 망간, 코발트

② 철, 구리, 납, 아연

③ 구리, 납, 망간, 코발트

④ 구리, 은, 아연, 비스무트

▶ **해설** │ ① 강자성체는 비투자율이 가장 큰 물질로 철, 니켈, 망간, 코발트가 있다.

구분	비투자율	종류
강자성체	$\mu_s \gg 1$	철, 니켈, 망간, 코발트
상자성체	$\mu_s > 1$	산소, 공기, 백금, 알루미늄
반자성체(역자성체)	$0 < \mu_s < 1$	은, 아연, 구리, 납, 안티몬, 비스무트, 물

69 전류가 계속 흐르기 위해서는 전압을 지속적으로 만들어주는 힘이 필요한데, 이 힘을 무엇이라 하는가?

① 자기력

② 기전력

③ 전자력

④ 전기장

▶**해설** | ② 전기회로에서 전위차를 지속적으로 유지시키고, 전류가 연속적으로 흐를 수 있도록 하는 힘을 기전력이라 한다.

70 자속을 발생시키는 원천으로 옳은 것은?

① 기전력

② 전자력

③ 기자력

④ 정전력

▶**해설** | ③ 기자력은 자속 ϕ를 발생시키는 원천으로, 자기회로에서 권수 N회인 코일에 전류 $I[A]$를 흘릴 때 발생하는 자속 ϕ는 NI에 비례하여 발생한다($F = NI = R_m \phi[AT]$).

71 황산구리 용액에 $20[A]$의 전류를 30분간 인가했을 때, 석출되는 구리의 양[g]은? (단, 구리의 전기 화학 당량은 $0.3293 \times 10^{-3}[g/C]$이다.)

① 8.65

② 10

③ 11.86

④ 12.24

▶**해설** | ③ $W = kQ = kIt[g]$
$$= 0.3293 \times 10^{-3} \times 20 \times 30 \times 60 ≒ 11.86[g]$$

72 다음 설명 중 옳지 않은 것은?

① 전위차가 클수록 전류가 흐르기 어렵다.

② 전류의 방향은 전자의 실제 이동 방향과 반대로 정한다.

③ 단위 시간당 이동하는 전기량이 $1[C/s]$이면 전류는 $1[A]$이다.

④ 양전하가 적게 분포된 물체일수록 전위가 낮다.

▶ **해설** | ① 전위란 전기적인 위치 에너지의 정도를 나타내는 개념으로, 전위차가 클수록 전류가 흐르기 쉽다.

73 도체의 전기저항에 대한 설명으로 옳은 것은?

① 길이와 단면적에 비례한다.

② 길이와 단면적에 반비례한다.

③ 길이에 반비례하고 단면적에 비례한다.

④ 길이에 비례하고 단면적에 반비례한다.

▶ **해설** | ④ 전기저항 $R = \rho \dfrac{l}{A}$ 이므로 길이에 비례하고 단면적에 반비례한다.

74 $100[V]$, $50[W]$의 전구와 $100[V]$, $100[W]$ 전구를 직렬로 $100[V]$ 전원에 연결할 경우 옳은 것은?

① 두 전구의 밝기가 똑같다.

② 둘 다 켜지지 않는다.

③ $50[W]$의 전구가 더 밝다.

④ $100[W]$의 전구가 더 밝다.

▶ **해설** | ③ $50[W]$의 저항 : $R_1 = \dfrac{V^2}{P_1} = \dfrac{100^2}{50} = 200[\Omega]$, $100[W]$의 저항 : $R_2 = \dfrac{V^2}{P_2} = \dfrac{100^2}{100} = 100[\Omega]$ 직렬 접속 시 회로에 흐르는 전류는 동일하므로, 소비전력 $P = I^2 R[W]$에 의해 저항이 큰 부하일수록 소비전력이 증가한다. 따라서 저항값이 큰 $50[W]$의 전구가 더 밝게 점등된다.

Answer. **69.**② **70.**③ **71.**③ **72.**① **73.**④ **74.**③

75 $C_1 = 30[\mu F]$, $C_2 = 50[\mu F]$인 콘덴서를 병렬 접속 후, $100[V]$의 전압을 인가 할 경우 전체 전하량은 몇 [C]인가?

① 30×10^{-4}

② 50×10^{-4}

③ 60×10^{-4}

④ 80×10^{-4}

▶**해설** | ④ 병렬 합성 정전용량 $C_0 = 30 + 50 = 80[\mu F]$, 총 전하량 $Q = CV = 80 \times 10^{-6} \times 100 = 80 \times 10^{-4}[C]$

▶**TIP** | 병렬 연결 시 콘덴서별 전하량 계산
　　㉠ C_1에 축적되는 전하량 : $Q_1 = C_1 V = 30 \times 100 = 3,000[\mu F]$
　　㉡ C_2에 축적되는 전하량 : $Q_2 = C_2 V = 50 \times 100 = 5,000[\mu F]$

76 도체계에서 임의의 도체를 일정 전위(일반적으로 영전위)의 도체로 완전 포위하면 내부와 외부의 전계를 완전히 차단할 수 있는데 이를 무엇이라 하는가?

① 정전 차폐
② 정전 유도
③ 자기 차폐
④ 와전류 현상

▶**해설** | ① 정전 차폐 : 외부의 정전 유도가 내부에 영향을 미치지 않도록 도체로 공간을 둘러싸고 이를 접지하여 전기장을 차단하는 현상이다.
② 정전 유도 : 전하를 띠지 않은 도체에 대전체가 가까이 오면 접촉하지 않아도 그 영향으로 도체 내부의 자유전하가 이동·재배치되어 도체 각 부분이 전기를 띠게 되는 현상을 말한다.
③ 자기 차폐 : 외부 자기장이 내부에 영향을 미치지 않도록 투자율이 큰 자성체로 둘러싸 자기장의 흐름을 자성체 쪽으로 우회시키는 방법이다.
④ 와전류 현상 : 자기장의 변화로 인해 도체 내부에서 유도 전류가 흐르는 현상으로, 발열과 에너지 손실의 원인이 된다.

77 두 자극의 세기가 $m_1, m_2[Wb]$, 거리가 $r[m]$일 때 작용하는 자기력의 크기$[N]$로 옳은 것은?

① $k\dfrac{m_1 \cdot m_2}{r}$

② $k\dfrac{m_1 \cdot m_2}{2r}$

③ $k\dfrac{m_1 \cdot m_2}{r^2}$

④ $k\dfrac{m_1 \cdot m_2}{2r^2}$

▶**해설** | ③ 자기에 관한 쿨롱의 법칙으로 두 자극 사이에 작용하는 자력의 크기는 양 자극 세기의 곱에 비례하며 자극 간 거리의 제곱에 비례한다.

▶**TIP** | $$F = k\frac{m_1 . m_2}{r^2} = \frac{m_1 . m_2}{4\pi\mu_0 r^2}[N]$$

78 가우스의 정리에 의해 구할 수 있는 것으로 옳은 것은?

① 전위차

② 전계의 세기

③ 전계에너지

④ 전류밀도

▶**해설** | ② 가우스의 정리는 폐곡면을 통과하는 전기장의 전속이 그 면 안에 포함된 총전하에 비례한다는 법칙으로, 이로부터 전계의 세기(전기장의 세기)를 계산할 수 있다.

Answer. 75.④ 76.① 77.③ 78.②

79 콘덴서만의 회로에 정현파형의 교류를 인가한 경우 전압과 전류의 위상 관계로 옳은 것은?

① 전류가 90° 앞선다.

② 전류가 90° 뒤진다.

③ 전압이 90° 앞선다.

④ 동상이다.

▶ **해설** | ① 콘덴서만의 회로는 전류가 전압보다 90° 앞서고(진상, 용량성), 코일만의 회로는 전류가 전압보다 90° 뒤쳐진다(지상, 유도성).

80 비오-사바르의 법칙의 관계로 옳은 것은?

① 자속과 자화력

② 전압과 전기력

③ 전류와 자기장의 세기

④ 전기력과 전계의 세기

▶ **해설** | ③ 비오-사바르의 법칙(미소구간)은 전류 요소가 만드는 자기장의 방향과 세기를 나타내며, 자기장의 세기는 전류의 크기에 비례하고 거리의 제곱에 반비례하며, 방향은 전류 요소와 위치 벡터에 수직이다.

▶ **TIP** | $\triangle H = \dfrac{I \triangle l \sin\theta}{4\pi r^2} [AT/m]$

81 다음 중 파형률로 옳은 것은?

① $\dfrac{최댓값}{평균값}$ ② $\dfrac{실횻값}{평균값}$

③ $\dfrac{최댓값}{실횻값}$ ④ $\dfrac{실횻값}{순시값}$

▶ **해설** | ② 파형률 $= \dfrac{실횻값}{평균값}$, 파고율 $= \dfrac{최댓값}{실횻값}$

82 비유전율이 2이고 유전체 내부의 전속밀도가 $4 \times 10^{-10}[C/m^2]$되는 점의 전기장 세기$[V/m]$로 옳은 것은?

① 10.59

② 15.3

③ 18.64

④ 22.58

▶ **해설** |
④ $E = \dfrac{D}{\varepsilon_0 \varepsilon_S} = \dfrac{4 \times 10^{-10}}{8.855 \times 10^{-12} \times 2} = 22.58[V/m]$

▶ **TIP** | 전속밀도

$$D = \varepsilon E = \varepsilon_0 \varepsilon_S E \ (\text{공기의 유전율} \varepsilon_0 = 8.855 \times 10^{-12})$$

83 그림의 휘트스톤 브리지의 평형 조건으로 옳은 것은?

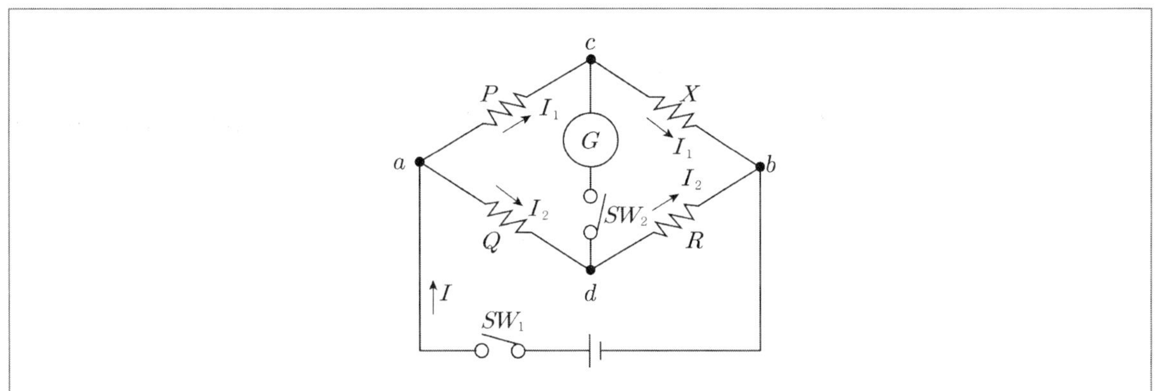

① $P = \dfrac{X}{R} Q$

② $P = \dfrac{R}{X} Q$

③ $P = \dfrac{Q}{X} R$

④ $P = \dfrac{Q}{RX}$

▶ **해설** | ① 브리지 평형 조건이 성립하려면 마주 보는 저항의 곱이 같아야 된다.

$$P \times R = X \times Q$$

$$P = \dfrac{X}{R} Q$$

84 그림과 같이 자극 사이에 있는 도체에 전류 I[A]가 흐를 때 작용하는 힘의 방향으로 옳은 것은?

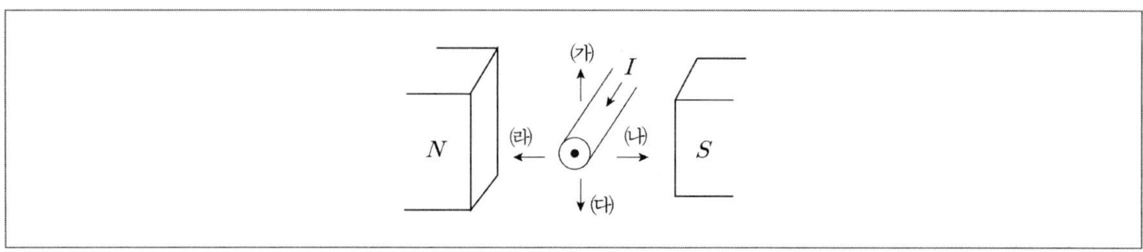

① (가)

② (나)

③ (다)

④ (라)

▶ **해설** | ① 플레밍의 왼손 법칙에 의해 I[A]가 흐르는 도체가 자기장(N → S 방향) 속에 있을 때 도체는 (가) 방향으로 힘을 받는다 (엄지 : 힘, 검지 : 자기장, 중지 : 전류).

85 전원과 부하가 다같이 △결선된 3상 평형회로가 있다. 상전압이 100[V], 부하 임피던스가 $Z = 6 + 8j[\Omega]$인 경우 선전류는 몇 [A]인가?

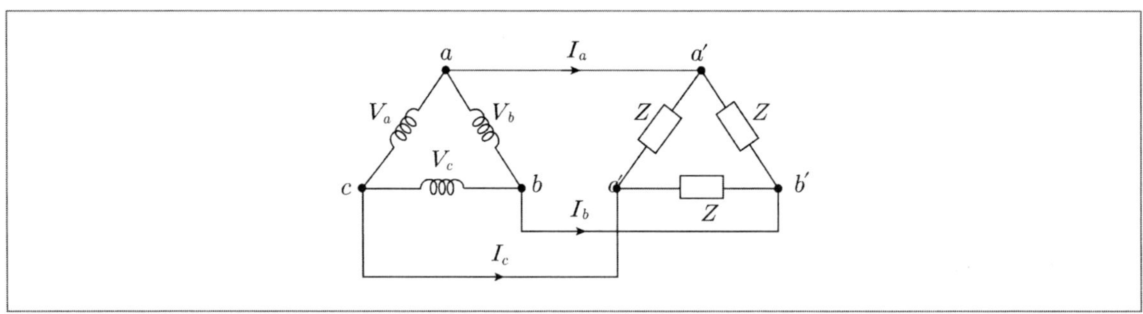

① 10

② $10\sqrt{3}$

③ 20

④ $20\sqrt{3}$

▶ **해설** | ② △결선에서 선간전압(V_l)과 상전압(V_p)이 같고, 선전류(I_l)는 $\sqrt{3} \times$상전압(I_p)과 같다.

　　㉠ 선간전압 : $V_l = V_p = 100[V]$

　　㉡ 한 상의 임피던스 : $Z = 6 + j8 = \sqrt{6^2 + 8^2} = \sqrt{100} = 10[\Omega]$

　　㉢ 상전류 : $I_p = \dfrac{V}{Z} = \dfrac{100}{10} = 10[A]$

　　∴ $I_l = \sqrt{3}\, I_p = \sqrt{3} \times 10 = 10\sqrt{3}[A]$

86 그림과 같이 공기 중에 놓인 $4 \times 10^{-8}[C]$의 전하에서 $2[m]$ 떨어진 점 P와 $1[m]$ 떨어진 점 Q와의 전위 차$[V]$로 옳은 것은?

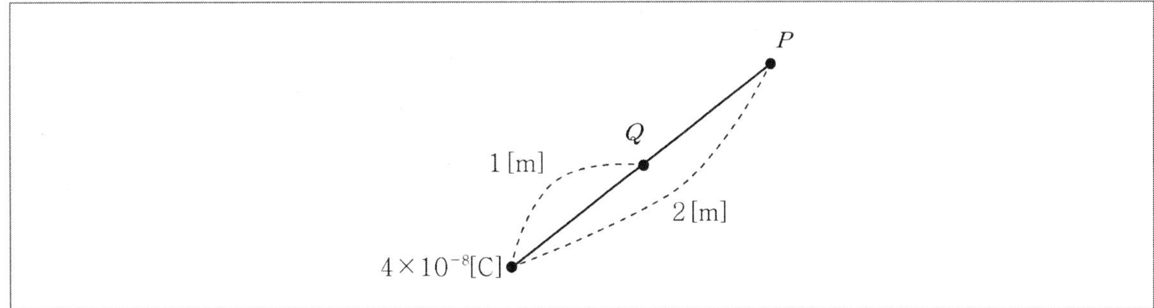

① 45

② 90

③ 180

④ 220

▶ 해설

㉠ 전위 : $V = k\dfrac{Q}{r} = \dfrac{1}{4\pi\varepsilon_0}\dfrac{Q}{r} = 9 \times 10^9 \dfrac{Q}{r}[V]$

㉡ Q점의 전위 : $V_Q = 9 \times 10^9 \times \dfrac{4 \times 10^{-8}}{1} = 360[V]$

㉢ P점의 전위 : $V_P = 9 \times 10^9 \times \dfrac{4 \times 10^{-8}}{2} = 180[V]$

$\therefore \; V_Q - V_P = 360 - 180 = 180[V]$

Answer. **84.**① **85.**② **86.**③

87 그림과 같은 비사인파의 제3고조파 주파수로 옳은 것은? (단, $V = 20\,[V]$, $T = 10\,[ms]$ 이다.)

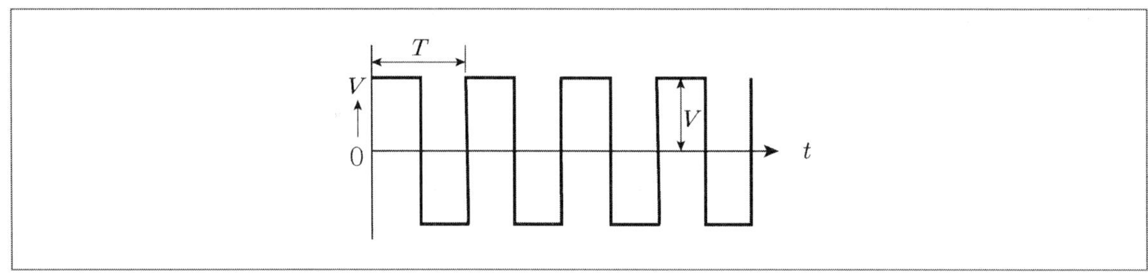

① 200

② 300

③ 400

④ 600

▶ **해설** | ② 주파수(f)는 주기(T)의 역수이다.

$$f = \frac{1}{T} = \frac{1}{10 \times 10^{-3}} = 100[Hz] \quad (단, \ T = 10[ms] = 10 \times 10^{-3}[s])$$

제3고조파는 기본파의 3배이므로 $100 \times 3 = 300[Hz]$ 이다.

88 저항 R_1, R_2의 병렬회로에서 R_1에 흐르는 전류가 I_t일 때 전체 전류로 옳은 것은?

① $\dfrac{R_1}{R_1 + R_2} I_1$ ② $\dfrac{R_2}{R_1 + R_2} I_1$

③ $\dfrac{R_1 + R_2}{R_1} I_1$ ④ $\dfrac{R_1 + R_2}{R_2} I_1$

▶ **해설** | ④ 병렬 회로에서 저항에 흐르는 전류는 저항 값에 반비례하여 분배된다.

전체 전류를 I_t라고 하면,

$$I_1 = \frac{R_2}{R_1 + R_2} I_t$$

양변을 I_t에 대해 정리하면

$$I_t = \frac{R_1 + R_2}{R_2} I_1 [A]$$

89 5$[kW]$의 전열기를 정격 상태에서 10분간 사용하였을 때의 열량$[kcal]$으로 옳은 것은?

① 540

② 650

③ 720

④ 840

▶ **해설** | ③ $H = 0.24Pt = 0.24 \times 5 \times 1000 \times 10 \times 60 = 720,000[cal] = 720[kcal]$

▶ **시험장 풀이전략** |

사용전력 P는 $[W]$단위이므로 $k = 10^3 = 1,000$을 곱해주며, 시간 t는 $[s]$단위이므로 1분＝60초임을 감안해 곱해주어야 한다.

90 권수 200회의 코일에 5$[A]$의 전류가 흘러 0.04$[Wb]$의 자속이 코일을 지날 경우 이 코일의 자체 인덕턴스 $[H]$로 옳은 것은?

① 1.0

② 1.2

③ 1.4

④ 1.6

▶ **해설** | ④ $L = \dfrac{N\phi}{I} = \dfrac{200 \times 0.04}{5} = 1.6[H]$

▶ **TIP** | 자체 인덕턴스 공식 $\cdots$ $LI = N\phi$

91 비정현파의 실횻값을 나타내는 것으로 옳은 것은?

① 각 고조파의 실횻값의 제곱의 합에 대한 제곱근

② 각 고조파의 실횻값의 합에 대한 제곱근

③ 각 고조파의 실횻값의 제곱의 합

④ 각 고조파의 실횻값의 합

▶ **해설** | ① 비정현파의 실횻값은 각 고조파 실횻값의 제곱의 합에 대한 제곱근으로 나타낸다.

▶ **TIP** | $V = \sqrt{V_0^2 + V_1^2 + V_2^2 + V_3^2 + \ldots}$

📝 **Answer.** 87.② 88.④ 89.③ 90.④ 91.①

92 RL 병렬회로에서 합성 임피던스(Z)의 크기로 옳은 것은?

① $\sqrt{R^2 + X_L^2}$

② $\sqrt{\dfrac{RX_L}{R^2 + X_L^2}}$

③ $\dfrac{\sqrt{RX_L}}{R^2 + X_L^2}$

④ $\dfrac{RX_L}{\sqrt{R^2 + X_L^2}}$

▶ **해설** | ④ 병렬 연결된 RL회로에서 합성 임피던스(Z) 크기는

$$\frac{1}{Z} = \sqrt{\left(\frac{1}{R}\right)^2 + \left(\frac{1}{X_L}\right)^2}\ \text{이므로,}$$

$$Z = \frac{1}{\sqrt{\left(\frac{1}{R}\right)^2 + \left(\frac{1}{X_L}\right)^2}} = \frac{RX_L}{\sqrt{R^2 + X_L{}^2}}\ \text{가 된다.}$$

▶ **TIP** | RL 직렬회로에서 합성 임피던스(Z) 크기

$$Z = \sqrt{R^2 + X_L^2}$$

▶ **시험장 풀이전략** |

직렬일 땐 더하고($Z = \sqrt{R^2 + X_L^2}$), 병렬일 땐 아래 더하고 위에 곱한다는 느낌으로 $Z = \dfrac{RX_L}{\sqrt{R^2 + X_L{}^2}}$ 로 암기!

93 $R_1[\Omega]$, $R_2[\Omega]$, $R_3[\Omega]$ 의 저항 3개를 직렬 연결했을 때의 합성 저항$[\Omega]$으로 옳은 것은?

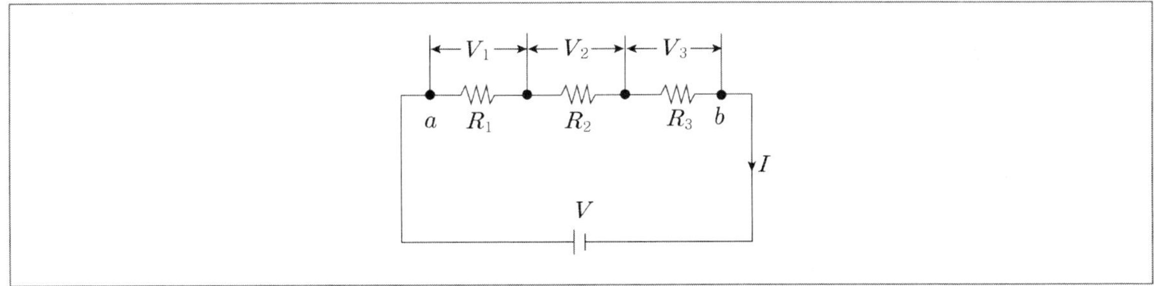

① $R_1 R_2 R_3$

② $R_1 + R_2 + R_3$

③ $\dfrac{R_1 R_2 R_3}{R_1 + R_2 + R_3}$

④ $\dfrac{R_1 + R_2 + R_3}{R_1 R_2 R_3}$

▶ **해설** | ② 저항 직렬 연결 시 합성 저항은 각 저항의 합으로 구한다.

$$\therefore R = R_1 + R_2 + R_3$$

▶ **TIP** | 저항 2개 병렬 연결 시 합성저항 공식

$$R = \frac{R_1 R_2}{R_1 + R_2}$$

▶ **TIP** | 저항 3개 병렬 연결 시 합성저항

$$\frac{1}{R} = \frac{1}{R_1} + \frac{1}{R_2} + \frac{1}{R_3} \rightarrow R = \frac{1}{\dfrac{1}{R_1} + \dfrac{1}{R_2} + \dfrac{1}{R_3}} = \frac{R_1 R_2 R_3}{R_1 R_2 + R_2 R_3 + R_3 R_1}$$

▶ **시험장 풀이전략** |

저항이 2개일 때에는 '합분의 곱' 공식을 이용하여 빠르게 계산할 수 있다.

Answer. 92.④ 93.②

94 같은 저항 4개를 그림과 같이 연결하여 a–b 간에 일정 전압을 가했을 때 소비전력이 가장 큰 것은 어느 것인가?

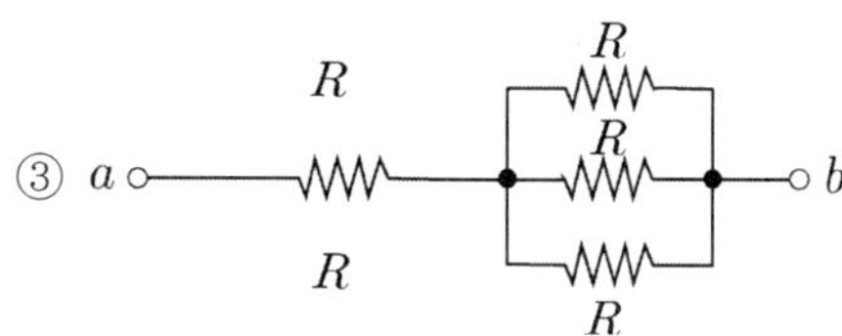

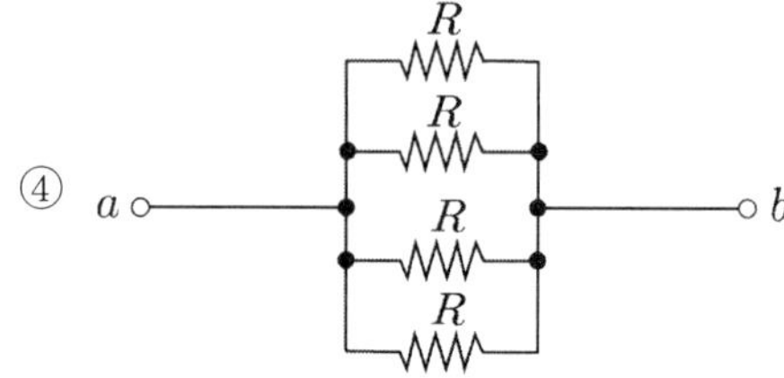

▶ **해설** ④ $I = \dfrac{V}{\dfrac{R}{4}} = \dfrac{4V}{R}$ 즉, 저항을 전부 병렬 연결하였을 때 전류가 가장 커지므로 소비전력도 가장 크다.

① $I = \dfrac{V}{R + R + R + R} = \dfrac{V}{4R}$

② $I = \dfrac{V}{R + R + \dfrac{R^2}{2R}} = \dfrac{V}{2.5R}$

③ $I = \dfrac{V}{R + \dfrac{R}{3}} = \dfrac{3V}{4R}$ (같은 저항이 n개 병렬 연결되어 있을 때는 $R_{병렬} = \dfrac{R}{n}$ 적용)

▶ **TIP** 소비전력 $P = I^2 R [W]$, 옴의 법칙 $I = \dfrac{V}{R} [A]$

95 R–L 직렬회로에서 위상각(θ)으로 옳은 것은?

① $\tan^{-1}\left(\dfrac{wL}{R}\right)$

② $\tan^{-1}\left(\dfrac{R}{wL}\right)$

③ $\tan^{-1}(wRL)$

④ $\tan^{-1}\left(\sqrt{wRL}\right)$

▶ **해설** |
① $\tan\theta = \dfrac{X_L}{R} = \dfrac{wL}{R}$

$\theta = \tan^{-1}\left(\dfrac{wL}{R}\right)$

▶ **TIP** | RL · RC 회로 위상차($\tan\theta$)

회로 종류		위상관계	$\tan\theta$ 공식(크기)	위상각 θ
R–L	직렬	전류 지상 (늦음)	$\tan\theta = \dfrac{X_L}{R} = \dfrac{wL}{R}$	$\theta = \tan^{-1}\left(\dfrac{wL}{R}\right)$
	병렬		$\tan\theta = \dfrac{R}{X_L} = \dfrac{R}{wL}$	$\theta = \tan^{-1}\left(\dfrac{R}{wL}\right)$
R–C	직렬	전류 진상 (앞섬)	$\tan\theta = \dfrac{X_C}{R} = \dfrac{1}{wCR}$	$\theta = \tan^{-1}\left(\dfrac{1}{wCR}\right)$
	병렬		$\tan\theta = \dfrac{R}{X_C} = wCR$	$\theta = \tan^{-1}(wCR)$

96 평행한 왕복 도체에 흐르는 전류에 의한 작용력으로 옳은 것은?

① 흡인력

② 반발력

③ 회전력

④ 작용력이 없다.

▶ **해설** | ② 평행한 두 도체에 흐르는 전류의 방향이 동일하면 흡인력이 작용하고, 왕복 도체일 경우(전류 방향 반대) 반발력이 작용한다.

📝 **Answer.** 94.④ 95.① 96.②

97 C_1, C_2를 병렬로 접속한 회로에 C_3를 직렬로 접속하였을 때 합성 정전용량[F]으로 옳은 것은?

① $C_1 + C_2 + \dfrac{1}{C_3}$

② $\dfrac{C_1 C_2}{C_1 + C_2} + C_3$

③ $\dfrac{(C_1 + C_2) \times C_3}{C_1 + C_2 + C_3}$

④ $\dfrac{C_1 C_2 C_3}{C_1 + C_2 + C_3}$

▶ **해설** | ③ C_1, C_2 병렬 합성저항을 구한 뒤, C_3와 직렬 합성저항을 구한다.

$$C_{\text{병렬}} = C_1 + C_2$$

$C_{\text{병렬}}$과 C_3를 직렬 연결하면

$$C = \frac{1}{\dfrac{1}{C_1 + C_2} + \dfrac{1}{C_3}} = \frac{(C_1 + C_2) \times C_3}{C_1 + C_2 + C_3} \text{가 된다.}$$

98 임피던스 $Z = R + jX$이고, $Y = G + jB$로 표현할 경우 서셉턴스를 의미하는 것은?

① R

② X

③ B

④ G

▶ **해설** | ㉠ 임피던스 : $Z = R + jX$(R : 저항, X : 리액턴스)

  ㉡ 어드미턴스 : $Y = G + jB$(G : 컨덕턴스, B : 서셉턴스)

99 파형률과 파고율이 모두 1인 파형으로 옳은 것은?

① 정현파

② 삼각파

③ 반파정류파

④ 구형파

▶**해설** | ④ 파형률과 파고율이 모두 1인 파형은 구형파이다.

▶**TIP** | 파형률 · 파고율

파형	파형률	파고율
정현파	1.111	$1.414(\sqrt{2})$
반파정현파	1.571	$1.732(\sqrt{3})$
구형파	1	1
반파구형파	$1.414(\sqrt{2})$	$1.414(\sqrt{2})$
톱니파 · 삼각파	1.555	2

100 권수가 200인 코일에서 5초간에 $1[Wb]$의 자속이 변화한다면, 코일에 발생되는 유도 기전력의 크기는 몇 $[V]$인가?

① 30

② 40

③ 50

④ 60

▶**해설** | ② $e = -N\dfrac{d\phi}{dt} = -200\dfrac{1}{5} = -40[V]$

▶**TIP** | 기전력의 크기는 절댓값으로 표현한다 $(|e| = 40[V])$.

📑 **Answer.** 97.③　98.③　99.④　100.②

직류기/직류전동기의 이론 및 용도/속도 및 토크 특성

1 6극 중권의 직류전동기가 있다. 자속이 0.06$[Wb]$이고 전기자도체수 284, 부하전류 60$[A]$, 토크가 108 $[N \cdot m]$, 회전수가 800$[rpm]$일 때 출력 $[kW]$은?

① 7

② 8

③ 9

④ 10

▶ **해설** | ③ $P = \dfrac{\tau N}{9.55} = \dfrac{108 \times 800}{9.55} = 9,047[W] ≒ 9[kW]$

▶ **TIP** | 직류전동기의 토크

$$\tau = 9.55 \times \frac{P}{N}[N \cdot m]$$

직류기/직류기의 원리와 구조/직류기의 개요

2 직류기의 주요 구성 3요소로 옳지 않은 것은?

① 계자

② 정류자

③ 공극

④ 전기자

▶ **해설** | ③ 공극은 계자와 전기자 사이에 위치하며, 계자에서 발생한 자속을 전기자에 균일하게 분포시켜준다.

▶ **TIP** | 직류기의 주요 구성 3요소

    ㉠ 계자 : 자속을 만드는 부분

    ㉡ 전기자 : 자속을 끊어 유기기전력을 발생

    ㉢ 정류자 : 교류를 직류로 변환

▶ **시험장 풀이전략** |

직류기 주요 구성 3요소 … 계자, 전기자, 정류자

직류기/직류발전기의 종류 및 특성/직류발전기의 종류 및 특성 등

3 직류발전기의 정격전압 100$[V]$, 무부하전압 105$[V]$이다. 이 발전기의 전압변동률 $\varepsilon[\%]$는?

① 5

② 9

③ 10

④ 15

▶ **해설** | ① $\varepsilon = \dfrac{V_0 - V_n}{V_n} \times 100[\%] = \dfrac{105 - 100}{100} \times 100 = 5[\%]$

4 **전기기기의 철심재료로 규소강판을 성층하여 사용하는 이유로 옳은 것은?**

① 절연 내력을 향상시키기 위해

② 철심의 기계적 강도를 크게 하기 위해

③ 기계손을 줄이기 위해

④ 와류손과 히스테리시스손을 줄이기 위해

▶ **해설** | ④ 규소강판은 히스테리시스손을 감소시키고, 철심을 성층함으로써 와류손(맴돌이전류)를 감소시킬 수 있다.

▶ **시험장 풀이전략** |

규소(Si)강판는 히스테리시스손을 감소시키고, 성층 철심은 와류손(맴돌이전류손) 감소시킨다.

5 **다음 직권전동기의 특징으로 옳지 않은 것은?**

① 부하전류가 증가하면 속도도 증가한다.

② 전동기 기동 시 기동토크가 크다.

③ 전기 철도, 크레인 등 기동 토크가 큰 곳에 사용된다.

④ 무부하 운전 시 속도가 무한대로 발산하여 매우 위험하다.

▶ **해설** | ① 직권전동기의 토크는 $\tau \propto I^2$ 이고, 속도는 $N \propto \dfrac{1}{I}$ 관계가 되어, 부하전류가 증가할수록 속도는 크게 감소한다.

▶ **TIP** | **직권전동기의 특징**

㉠ 계자권선과 전기자권선 직렬 접속되어 있다.

㉡ 기동 시 기동토크가 크다

㉢ 토크(τ)는 부하전류(I)의 제곱에 비례하고, 속도(N)의 제곱에 반비례한다.

$$\tau \propto I^2 \propto \dfrac{1}{N^2}$$

㉣ 무부하 운전 시 속도가 무한대로 발산하여 매우 위험하다.

㉤ 전기 철도, 크레인, 권상기 등과 같은 큰 기동토크가 필요한 곳에 사용된다.

📋 Answer. 1.③ 2.③ 3.① 4.④ 5.①

6 다음 중 정속도 특성을 갖는 직류전동기로 옳은 것은?

① 직권전동기

② 분권전동기

③ 차동복권전동기

④ 가동복권전동기

▶**해설** | ② 속도 변동이 가장 적은 전동기는 타여자전동기, 분권전동기이며 정속도 전동기라고도 한다.

7 전기자저항 $0.4[\Omega]$, 전기자전류 $100[A]$, 전압 $200[V]$인 분권전동기의 출력$[kW]$은?

① 12

② 15

③ 16

④ 20

▶**해설** | ㉠ 역기전력 $E = V - I_a R_a = 200 - (100 \times 0.4) = 160[V]$

㉡ 기계적출력 $P_o = EI_a = 160 \times 100 = 16,000[W] = 16[kW]$

8 직류전동기의 속도제어방법으로 옳지 않은 것은?

① 전압제어법

② 저항제어법

③ 계자제어법

④ 속도제어법

▶**해설** | ④ 직류전동기의 속도제어법에는 전압제어법, 저항제어법, 계자제어법 등이 있다.

9 직류전동기에서 전부하 속도가 $1,000[rpm]$. 속도변동률이 $4[\%]$일 때, 무부하 회전속도는 몇 $[rpm]$인가?

① 1,040

② 1,150

③ 1,320

④ 1,560

▶ **해설** | ① $N_0 = N_n(1+\varepsilon) = 1,000(1+0.04) = 1,040[rpm]$

▶ **TIP** | 속도변동률

$$\varepsilon = \frac{N_0 - N_n}{N_n} \times 100[\%]$$

10 직권전동기의 회전수를 $\dfrac{1}{2}$로 감소시키면 토크는 어떻게 변화하는가?

① 2

② 4

③ $\dfrac{1}{2}$

④ $\dfrac{1}{4}$

▶ **해설** | ② $\tau \propto I^2 \propto \dfrac{1}{N^2}$ 이므로 $\dfrac{1}{(\frac{1}{2})^2} = 4$ 이므로 토크는 기존 값의 4배가 된다.

▶ **시험장 풀이전략** |

직권전동기 토크(τ)는 부하전류(I)의 제곱에 비례하고, 속도(N)의 제곱에 반비례한다($\tau \propto I^2 \propto \dfrac{1}{N^2}$).

Answer. 6.② 7.③ 8.④ 9.① 10.②

11 직류 직권전동기에서 벨트를 걸고 운전하면 안 되는 이유로 옳은 것은?

① 벨트를 걸고 운전하면 부하가 많이 실리기 때문에

② 벨트가 이탈하면 무부하 상태가 되어 위험속도까지 도달할 수 있기 때문에

③ 벨트의 마모가 심해 잦은 정비가 필요하므로

④ 벨트 구동으로 기계손이 증가해 손실이 커지므로

▶ **해설** | ② 직류 직권전동기는 부하가 감소하여 무부하에 가까워지면 계자전류가 줄어 자속이 약해지고, 그 보상으로 속도가 급격히 상승하는 특성이 있다. 벨트 구동 중 벨트가 벗겨지면 전동기가 거의 무부하 상태가 되어 속도가 위험속도까지 올라가 전기자, 베어링 등이 파손되거나 부품 이탈 등 2차 사고가 발생할 수 있다. 따라서 직류 직권전동기는 벨트를 걸고 운전해서는 안 된다.

12 직류발전기에서 기전력에 대해 90° 늦은 전류가 흐를 때의 전기자 반작용으로 옳은 것은?

① 감자작용

② 증자작용

③ 편자작용

④ 교차자화작용

▶ **해설** | ① 직류발전기에서 기전력에 대해 90° 늦은 전류가 흐르는 유도성 부하에서는 전기자 자속이 주자속과 반대 방향으로 작용하여, 전체 자속을 감소시키는 감자작용이 발생한다.

▶ **TIP** | 발전기 부하별 전기자 반작용

부하 종류	위상 관계	주요 현상(전기자 반작용)
R 부하(저항성)	전류와 전압 동상	교차자화작용(편자작용) : 자속의 분포가 편중됨
L 부하(유도성)	전류가 90° 뒤처짐	감자작용 : 주자속을 감소시킴
C 부하(용량성)	전류가 90° 앞섬	증자작용 : 주자속을 증가시킴

13 복권발전기의 안전한 병렬운전을 위해 두 발전기의 전기자와 직권 권선의 접속점에 연결해야 하는 것은?

① 균압선

② 브러시

③ 계자저항

④ 직류개폐기

▶ **해설** | ① 복권발전기 병렬운전 시 직권계자에 의한 단자전압 불균형과 전류 쏠림을 방지하고, 부하 분담을 안정화하기 위해 전기자와 직권 권선 접점에 균압선을 설치한다.

14 직류발전기의 무부하 특성 곡선이 의미하는 관계로 옳은 것은?

① 계자 전류와 회전력과의 관계

② 부하 전류와 회전력과의 관계

③ 부하 전류와 유기기전력과의 관계

④ 계자 전류와 유기기전력과의 관계

▶ **해설** | ④ 직류발전기의 무부하 특성 곡선은 계자 전류와 유기기전력(무부하 단자전압)과의 관계를 나타낸다.

15 계자에서 발생한 자속을 전기자에 골고루 분포시켜 주는 것은?

① 공극

② 보극

③ 정류자

④ 계자권선

▶ **해설** | ① 공극은 계자와 전기자 사이의 물리적 공간으로, 계자에서 나온 자속을 전기자에 균일하게 분포해 준다.

16 속도를 광범위하게 조정할 수 있어 압연기나 엘리베이터 등에 사용되는 직류전동기는?

① 분권전동기   ② 직권전동기

③ 타여자전동기   ④ 차동 복권전동기

▶ **해설** | ③ 압연기, 엘리베이터 등에 사용되는 직류전동기는 타여자전동기이다.

▶ **TIP** | **타여자전동기의 특징**

㉠ 토크식 $T \propto \phi I_a$ 이며, 계자전류(자속)가 일정하므로 토크는 전기자전류(I_a)에 비례한다.

㉡ 계자 권선이 전기자 회로와 직접 연결되지 않고 외부 독립 전원에 의해 여자된다.

㉢ 부하 변화에 대해 속도 변동을 작게 유지할 수 있어 정속 운전에 유리하다.

㉣ 전압·계자 제어로 속도를 광범위하게 조정할 수 있다.

㉤ 압연기, 엘리베이터 등 정밀속도 제어가 필요한 곳에 사용된다.

📝 **Answer.** 11.②   12.①   13.①   14.④   15.①   16.③

17 분권전동기에 대한 설명으로 옳지 않은 것은?

① 토크는 전기자전류의 자승에 비례한다.

② 부하전류에 따른 속도 변화가 거의 없다.

③ 계자회로에 퓨즈를 넣어서는 안 된다.

④ 계자 권선과 전기자 권선이 전원에 병렬로 접속되어 있다.

▶**해설** |① 토크는 전기자전류에 비례한다.

▶ **TIP** | **분권전동기의 특징**

㉠ 토크식 $\tau = k\phi I_a$이며, 계자전류(자속)가 거의 일정해 토크는 전기자전류에 비례한다.

㉡ 부하 변화에 따른 속도 변동이 거의 없어 정속도 특성을 나타내는 전동기로 분류된다.

㉢ 계자 회로 단선 시 자속이 0이 되어 속도가 무한대가 될 수 있으므로 계자회로에 퓨즈를 넣으면 안된다.

㉣ 계자 권선과 전기자 권선이 하나의 전원에 병렬로 접속되어 있다.

18 다음 중 변압기 원리를 이용한 작용으로 옳은 것은?

① 정류작용   ② 발열작용

③ 전자유도작용   ④ 자기유도작용

▶**해설** |③ 변압기는 1차 코일의 교류로 생긴 교번 자속이 2차 코일과 쇄교하여 전자유도작용으로 유도기전력을 발생시키는 기기이다.

19 변압기에서 자속에 대한 설명으로 옳은 것은?

① 전압에 비례하고 주파수에 비례

② 전압에 비례하고 주파수에 반비례

③ 전압에 반비례하고 주파수에 비례

④ 전압에 반비례하고 주파수에 반비례

▶**해설** |
② 자속 $\phi_m = \dfrac{E_1}{4.44fN_1}[wb]$이므로, 자속은 전압에 비례하고 주파수에 반비례한다.

▶ **TIP** | $E_1 = 4.44fN_1\phi_m [V]$

20 1차 전압 6,600$[V]$, 2차 전압 220$[V]$, 주파수 60$[Hz]$의 변압기가 있다. 이 변압기의 권수비로 옳은 것은?

① 10

② 20

③ 30

④ 40

▶해설 |
③ $a = \dfrac{E_1}{E_2} = \dfrac{6,600}{220} = 30$

21 전압비가 22,900/220$[V]$인 단상 변압기의 2차 전류가 120$[A]$일 때 변압기의 1차 전류로 옳은 것은?

① 1

② 2

③ 4

④ 6

▶해설 |
② $a = \dfrac{N_1}{N_2} = \dfrac{V_1}{V_2} = \dfrac{I_2}{I_1}$에서

$a = \dfrac{V_1}{V_2} = \dfrac{22,900}{220} = 104$이므로

$I_1 = \dfrac{I_2}{a} = \dfrac{208}{104} = 2[A]$

22 변압기의 1차 전압이 3,300$[V]$, 권수비가 15인 변압기의 2차측의 전압은 몇$[V]$인가?

① 110

② 160

③ 220

④ 250

▶해설 |
③ $V_2 = \dfrac{V_1}{a} = \dfrac{3,300}{15} = 220[V]$

▶TIP | 권수비

$a = \dfrac{V_1}{V_2}$

Answer. 17.① 18.③ 19.② 20.③ 21.② 22.③

23 3상 $100[kVA]$, $13,200/200[V]$ 변압기의 저압측 선전류의 유효분 전류$[A]$는 약 얼마인가? (단, 역률은 0.8이다.)

① 150

② 180

③ 210

④ 230

▶ 해설 │ ④ $P_a = \sqrt{3}\ VI[kVA]$

$$I = \frac{P_a}{\sqrt{3}\ V} = \frac{100 \times 10^3}{200\sqrt{3}} = 288.68[A]$$

$$I_{유효분} = I\cos\theta = 288.68 \times 0.8 ≒ 230.94[A]$$

24 변압기의 권수비가 60일 때 2차 측 저항이 $0.1[\Omega]$이다. 이것을 1차로 환산하면 몇 $[\Omega]$인가?

① 60

② 120

③ 240

④ 360

▶ 해설 │

④ $a = \dfrac{N_1}{N_2} = \dfrac{V_1}{V_2} = \dfrac{I_2}{I_1} = \sqrt{\dfrac{Z_1}{Z_2}} = \sqrt{\dfrac{R_1}{R_2}} = \sqrt{\dfrac{X_1}{X_2}}$

$a = \sqrt{\dfrac{R_1}{R_2}}$

$R_1 = a^2 R_2 = 60^2 \times 0.1 = 360[\Omega]$

▶ 시험장 풀이전략 │

변압기의 권수비는 자주 출제되므로 공식 꼭 암기하기!

$a = \dfrac{N_1}{N_2} = \dfrac{V_1}{V_2} = \dfrac{I_2}{I_1} = \sqrt{\dfrac{Z_1}{Z_2}} = \sqrt{\dfrac{R_1}{R_2}} = \sqrt{\dfrac{X_1}{X_2}}$

25 다음의 변압기 극성에 관한 설명 중 옳지 않은 것은?

① 우리나라는 감극성을 표준으로 사용한다.

② 1차와 2차 권선에 유기되는 전압의 극성이 서로 반대 방향이면 감극성이다.

③ 3상 결선 또는 병렬 운전 시 극성을 고려해야 한다.

④ 변압기 극성 시험은 직류 전압으로만 가능하다.

▶ **해설** | ④ 변압기 극성시험은 직류와 교류 전압 모두 사용 가능하다.

26 변압기 내부 고장 발생 시 발생하는 기름의 흐름 변화를 검출하는 부흐홀츠 계전기의 설치 위치로 옳은 것은?

① 변압기 주탱크와 콘서베이터 사이

② 변압기 주탱크와 고압측 부싱 사이

③ 변압기 주탱크와 저압측 부싱 사이

④ 콘서베이터 내부

▶ **해설** | ① 부흐홀츠 계전기는 변압기 내부 이상으로 온도가 상승할 때 발생하는 가스를 감지하여 동작하며, 변압기 본체와 콘서베이터를 잇는 배관 중간에 설치되는 보호 계전기이다.

▶ **시험장 풀이전략**

부흐홀츠 계전기 = 변압기 주탱크와 콘서베이터 사이

27 변압기 철심의 철의 함유율[%]로 옳은 것은?

① 3 ~ 4

② 36 ~ 55

③ 65 ~ 70

④ 96 ~ 97

▶ **해설** | ④ 변압기 철심은 와전류 손실을 줄이기 위해 성층 철심을 사용하고, 히스테리시스 손실을 감소시키기 위해 약 3~4%의 규소가 포함된 규소강판을 사용한다. 따라서 철의 비율은 약 96~97% 정도이다.

Answer. 23.④ 24.④ 25.④ 26.① 27.④

28 변압기유가 구비해야 할 조건으로 옳은 것은?

① 절연내력이 작고 산화하지 않을 것

② 비열이 크고 냉각 효과가 클 것

③ 인화점이 낮고 응고점이 높을 것

④ 열전도율이 작을 것

▶ **해설** | **변압기유의 구비조건**

ㄱ 절연내력이 클 것
ㄴ 인화점이 높고 응고점이 낮을 것
ㄷ 점도가 낮고 비열이 클 것
ㄹ 금속, 절연물과 반응하지 않아 화학적으로 안정적일 것
ㅁ 열전도율이 클 것
ㅂ 수분을 거의 포함하지 않을 것
ㅅ 산화되지 않을 것

▶ **시험장 풀이전략** |

변압기유에 대한 문제는 자주 출제되므로 꼭 암기해야 한다.

29 변압기유의 열화 방지와 관련이 없는 것은?

① 콘서베이터

② 불활성 질소

③ 방열판

④ 브리더

▶ **해설** | **변압기유의 열화 방지 대책**

ㄱ 브리더
ㄴ 질소 봉입
ㄷ 콘서베이터

30 코일 주변에 절연 성능이 우수한 에폭시 수지를 고진공 상태에서 함침 시킨 뒤, 그 외부를 기계적 강도가 높은 에폭시 수지로 감싸 몰딩한 건식 변압기는?

① 단권변압기

② 몰드변압기

③ 유입변압기

④ 기중절연변압기

▶**해설** | ① 단권 변압기 : 한 개의 권선을 1차와 2차가 공용으로 사용하는 변압기이다. 권선에 사용되는 구리의 양이 적어 경제적이고 소형·경량화가 가능하며, 효율이 높아 주로 승압기로 사용된다. 다만 1차와 2차가 전기적으로 절연되어 있지 않아 사고 발생 시 고압이 저압으로 흐를 수 있다.

③ 유입 변압기 : 권선과 철심을 절연유(기름) 속에 넣어 이 절연유를 이용해 절연과 냉각을 하는 변압기이다. 냉각 효과와 절연 성능이 우수하며 대용량에 적합하지만, 기름을 사용하므로 화재의 위험이 있다.

④ 기중절연변압기 : 공기를 절연체로 사용하는 변압기이다. 공기의 절연내력이 기름보다 낮아 동일 용량일 때 체적이 커질 수 있으나, 절연유를 사용하지 않아 화재 위험이 적어 건물 내부 설치에 적합하다.

31 변압기의 무부하손에서 손실이 가장 큰 것은?

① 계자 권선의 저항손

② 전기자 권선의 저항손

③ 철손

④ 풍손

▶**해설** | ③ 무부하손은 부하가 연결되어 있지 않아도 전원만 연결되어 있으면 발생하는 손실이다. 변압기의 무부하손 중에서 가장 비중이 크고 대표적인 것은 철손이다.

▶ **TIP** | 무부하손(부하에 관계없이 항상 일정한 손실 발생)
  ㉠ 철손(P_i) : 히스테리시스손, 와류손
  ㉡ 기계손(P_m) : 마찰손, 풍손

Answer. 28.② 29.③ 30.② 31.③

32 변압기에서 퍼센트 저항 강하 $3[\%]$, 리액턴스 강하 $4[\%]$일 때, 역률 0.8(지상)에서의 전압변동률은?

① 4.8

② 5

③ 5.5

④ 6

▶ **해설** | ① $\varepsilon = p\cos\theta + q\sin\theta = 3 \times 0.8 + 4 \times 0.6 = 4.8[\%]$

$(\sin\theta = \sqrt{1 - \cos\theta^2} = \sqrt{1 - 0.8^2} = 0.6$으로 구할 수 있다.$)$

ㄱ p : 퍼센트 저항 강하$[\%]$

ㄴ q : 퍼센트 리액턴스 강하$[\%]$

ㄷ $\cos\theta$: 역률

ㄹ $\sin\theta$: 무효율

▶ **시험장 풀이전략** |

지상역률은 부하가 유도성(L)일 때이며, 퍼센트 리액턴스 강하에서 '+'를 사용한다.(반대는 진상역률, 용량성(C), '−'사용) 역률 $\cos\theta = 0.8$일 경우 $\sin\theta = 0.6$이고, $\cos\theta = 0.6$일 경우 $\sin\theta = 0.8$이므로 공식처럼 암기해두면 빠른 계산을 할 수 있다.

ㄱ 지상 역률 → $R\cos\theta + X\sin\theta$

ㄴ 진상 역률 → $R\cos\theta - X\sin\theta$

33 어느 단상 변압기의 2차 무부하전압이 $108[V]$이며, 정격의 부하시 2차 단자전압이 $100[V]$이었다. 전압변동률은 몇 $[\%]$인가?

① 3

② 4

④ 6

④ 8

▶ **해설** |

④ $\varepsilon = \dfrac{V_{20} - V_{2n}}{V_{2n}} \times 100$

$= \dfrac{108 - 100}{100} \times 100$

$= 4[\%]$

34 변압기의 임피던스 전압이 의미하는 것으로 옳은 것은?

① 정격전류가 흐를 때의 변압기 내의 전압 강하

② 여자전류가 흐를 때의 변압기 내의 전압 강하

③ 정격전류가 흐를 때의 2차측 단자 전압

④ 여자전류가 흐를 때의 2차측 단자 전압

▶ **해설** | ① $\%Z = \dfrac{IZ}{E} \times 100[\%]$ 에서 IZ 의 크기를 말하며, 변압기의 임피던스 전압은 정격의 전류가 흐를 때 변압기 내의 전압강하를 의미한다.

35 △-Y결선한 경우에 대한 설명으로 옳지 않은 것은?

① Y결선의 중성점을 접지할 수 있다.

② 제3고조파에 의한 장해가 작다.

③ 1차 선간전압 및 2차 선간전압의 위상차는 60°이다.

④ 1차 변전소의 승압용으로 사용된다.

▶ **해설** | △-Y결선의 특징
ㄱ 승압용 결선으로 사용된다.
ㄴ Y결선의 중성점을 접지할 수 있다.
ㄷ △결선은 제3고조파에 의한 장해가 작다.
ㄹ 1차 선간전압과 2차 선간전압의 위상차는 30°이다.
ㅁ 한 상 고장 시 송전이 불가능하다.

36 낮은 전압을 높은 전압으로 승압할 때 일반적으로 사용되는 변압기의 3상 결선방식은?

① V-V

② △-Y

③ Y-Y

④ Y-△

▶ **해설** | ② 1차를 △결선으로 하면 제3고조파 전류가 델타 내부를 순환하여 파형 왜곡이 감소하고 안정 운전이 가능하며, 2차를 Y결선으로 하면 상전압에 비해 선간전압이 $\sqrt{3}$ 배가 되어 고전압을 얻기 쉽다. 또한 Y결선은 중성점 접지가 가능하여 이상 전압 억제 및 보호계전기 운용이 유리하므로, 승압용 3상 결선 방식으로 △-Y결선을 사용한다.

▶ **시험장 풀이전략** |
승압(저전압 → 고전압)은 △-Y결선, 강압(고전압 → 저전압)은 Y-△결선임을 반드시 기억하자!

📋 **Answer.** 32.① 33.④ 34.① 35.③ 36.②

37 변압기 결선에서 Y-Y 결선 특징으로 옳지 않은 것은?

① 절연이 용이
② 불평형에 약함
③ V-V 결선 가능
④ 3고조파 포함

▶ **해설** | ③ V-V결선은 △-△결선에서 변압기 한 대 고장 시 적용할 수 있는 결선이다.

▶ **TIP** | Y-Y 결선의 특징
㉠ 절연이 용이하다.
㉡ 중성점 접지가 가능하다.
㉢ 제3고조파가 발생한다.
㉣ 불평형 부하에 약하다.

38 변압기 V결선의 특징으로 옳지 않은 것은?

① 단상 변압기 2대로 3상 전력을 공급한다.
② 부하 감소가 예상되는 지역에 시설한다.
③ V결선의 출력비는 57.7[%]이다.
④ 변압기 1대 고장 시 응급 처치 방법으로 쓰인다.

▶ **해설** | ② 처음에는 단상 변압기 2대를 V결선으로 설치해두었다가 부하 증가가 예상될 때 1대를 더 추가하여 △결선으로 사용할 수 있어 부하 증가가 예상되는 지역에 시설한다.

▶ **TIP** | V결선의 특징
㉠ 단상 변압기 2대로 3상 전력을 공급한다.
㉡ 부하 증가가 예상되는 지역에 시설한다.
㉢ 변압기 1대 고장 시 응급 운전에 사용된다.
㉣ V결선의 출력비는 57.7[%]이다.
㉤ V결선의 이용률은 86.6[%]이다.

39 3상 변압기 1대 고장으로 2대를 V결선 할 경우 이용률은 몇 [%]인가?

① 57.7
② 65.5
③ 76.4
④ 86.6

▶ **해설** |
④ V결선의 이용률 $= \dfrac{\sqrt{3}\,P}{2P} \times 100 = \dfrac{\sqrt{3}}{2} \times 100 = 86.6[\%]$

40 단상 반파 정류회로에서 직류전압의 평균값으로 가장 옳은 것은? (단, E는 교류전압의 실횻값이다.)

① 0.45E

② 0.9E

③ 1.17E

④ 1.35E

▶**해설** | ① 단상 반파의 직류전압의 평균값은 0.45E[V]이다.

▶**TIP** | **정류방식**
ㄱ 단상 반파 : 0.45E
ㄴ 단상 전파 : 0.9E
ㄷ 3상 반파 : 1.17E
ㄹ 3상 전파 : 1.35E

41 1대 용량이 $200[kVA]$인 변압기를 △결선 운전 중 1대가 고장이 발생하여 2대로 운전할 경우 부하에 공급할 수 있는 최대 용량$[kVA]$으로 옳은 것은?

① 275

② 364

③ 380

④ 412

▶**해설** | ② $P_V = \sqrt{3}\,P_1 = \sqrt{3} \times 200 = 346.4[kVA]$

▶**시험장 풀이전략** |
변압기 2대로 운전하는 경우 V결선이고, 용량 구할 땐 $P_V = \sqrt{3}\,P_1$ 공식에 바로 대입하면 된다.

📋 **Answer.** 37.③ 38.② 39.④ 40.① 41.②

42 3상 변압기를 병렬운전하는 경우 불가능한 결선 조합으로 옳은 것은?

① △-Y와 △-△

② △-△와 Y-Y

③ △-Y와 △-Y

④ △-Y와 Y-△

▶**해설** │3상 변압기의 병렬운전 결선조합

병렬운전 가능	병렬운전 불가능
△-△와 △-△	
Y-Y와 Y-Y	
△-△와 Y-Y	△-△와 △-Y
△-Y와 △-Y	Y-Y와 △-Y
Y-△와 Y-△	
V-V와 V-V	

43 변압기의 임피던스 전압을 구하는 시험방법으로 옳은 것은?

① 무부하시험

② 절연내력시험

③ 충격전압시험

④ 단락시험

▶**해설** │④ 단락시험에서 변압기 2차측을 단락하고 1차 정격전류가 흐를 때의 전압강하를 임피던스 전압이라 하며, 이는 전부하 동손 계산에 사용된다.

44 부흐홀츠 계전기로 보호되는 기기는?

① 발전기

② 전동기

③ 동기기

④ 변압기

▶**해설** │④ 부흐홀츠 계전기는 절연유를 사용하는 유입변압기 본체(주탱크)와 콘서베이터를 연결하는 파이프 중간에 설치하며, 변압기 내부 고장 시 가스 발생과 기름 흐름 변화를 감지해 경보와 차단을 시켜주는 기계적 보호계전기이다.

45 3상 유도전동기의 회전 방향을 바꾸기 위한 방법으로 옳은 것은?

① △-Y 결선으로 결선법을 바꾼다.

② 전원의 극수와 주파수를 바꾼다.

③ 기동보상기를 사용하여 권선을 바꾼다.

④ 전동기의 1차 권선에 있는 3선 중 두 선을 서로 바꾼다.

▶ **해설** | ④ 3상 유도전동기의 회전방향은 고정자 권선에 인가되는 3상 전원의 위상 순서(R-S-T)에 의해 결정되며, 임의의 두 선을 서로 바꾸어 연결하면 위상 순서가 반전되어 회전자계와 전동기의 회전 방향이 반대로 된다.

46 3상 유도전동기의 회전원리를 설명한 것 중 옳지 않은 것은?

① 회전자의 회전속도가 증가하면 도체를 관통하는 자속수는 감소한다.

② 회전자의 회전속도가 증가하면 슬립은 감소해 0에 수렴한다.

③ 회전자 속도가 동기속도와 같아지면 최대 토크를 발생한다.

④ 3상 교류전압을 고정자에 공급하면 고정자 내부에서 회전 자기장이 발생된다.

▶ **해설** | ③ 회전자 속도가 동기속도와 같아지면 슬립이 0이 되어 회전자 도체에 유도기전력이 더 이상 발생하지 않고, 전류도 흐르지 않게 되어 토크가 0이 된다.

47 슬립이 0일 때 유도전동기의 속도는?

① 동기속도로 회전한다.

② 동기속도보다 빠르게 회전한다.

③ 최대속도로 회전한다.

④ 정지상태가 된다.

▶ **해설** | ① 슬립 $s = \dfrac{N_s - N}{N_s} = 0$이 되려면 $N_s - N = 0$이 되어야 하므로 회전자 속도(N)와 동기속도(N_s)가 완전히 같아졌다는 의미이다. 회전속도는 $N = (1-s)N_s = N_s\,[rpm]$이므로 슬립이 0일 때 유도전동기는 동기속도로 회전한다.

Answer. 42.① 43.④ 44.④ 45.④ 46.③ 47.①

48 홈수가 36인 표준 농형 3상 유도전동기의 극수가 6극이라면 매극 매상당의 홈수는?

① 1

② 2

③ 3

④ 4

▶ **해설** | ② $\alpha = \dfrac{\text{전체 홈수}}{\text{상수} \times \text{극수}} = \dfrac{36}{3 \times 6} = 2$

49 슬립이 0.1이고 전원 주파수가 $60[Hz]$인 유도전동기의 회전자 회로의 주파수$[Hz]$는?

① 3

② 4

③ 6

④ 7

▶ **해설** | ③ $f_2 = sf = 0.1 \times 60 = 6[Hz]$

▶ **TIP** | 주파수

　　ⓐ 회전자 기전력 주파수 … f_2

　　ⓑ 전원주파수 … f

50 단상 유도전동기에서 가장 큰 기동토크를 갖는 기동방식은?

① 셰이딩 코일형

② 콘덴서 기동형

③ 반발유동형

④ 반발기동형

▶ **해설** | ④ 단상 유도전동기 기동토크 크기는 '반발기동형 > 반발유동형 > 콘덴서 기동형 > 분상기동형 > 셰이딩 코일형' 순으로 크다.

51 역률이 좋아 가정용 선풍기, 세탁기, 냉장고 등에 주로 사용되는 단상 유도전동기는?

① 반발기동형 전동기

② 영구 콘덴서기동형 전동기

③ 분상기동형 전동기

④ 셰이딩코일형 전동기

▶**해설** | ② 영구 콘덴서기동형 전동기는 구조가 단순하고 소음과 진동이 적다. 또한 역률이 매우 좋고 효율이 높아 선풍기, 냉장고, 세탁기 등 가정용에 많이 사용된다.

52 유도전동기의 속도제어법으로 옳지 않은 것은?

① 2차 저항제어

② 1차 전압제어

③ 일그너제어

④ 주파수제어

▶**해설** | ③ 직류(DC)전동기의 속도 제어 방법이다.
　　　 ① 권선형 유도 전동기의 속도 제어 방법이다.
　　　 ②④ 농형 유도 전동기의 속도 제어 방법이다.

53 비례추이를 이용하여 속도제어가 되는 전동기로 옳은 것은?

① 농형 유도진동기

② 차동복권 전동기

③ 타여자 전동기

④ 3상 권선형 유도전동기

▶**해설** | ④ **3상 권선형 유도전동기** : 슬립링을 통해 연결된 2차 저항의 값을 조정하여 이에 따라 슬립이 비례해서 변하는 성질(비례추이)을 이용해 효율적으로 속도를 제어한다.
　　　 ① **농형 유도전동기** : 농형 회전자를 가진 유도전동기로, 구조가 단순하고 견고하며 유지보수가 쉽고 가격이 저렴하다. 팬, 펌프, 콤프레셔 등 각종 산업용 기기에 가장 널리 사용된다.
　　　 ② **차동복권 전동기** : 직권 계자 권선과 분권 계자 권선의 자속이 서로 반대 방향이 되도록 결선한 직류 전동기이다. 부하가 증가하면 합성 자속이 감소하여 속도가 상승하는 경향이 있으며, 운전이 불안정하여 일반적으로 거의 사용되지 않는다.
　　　 ③ **타여자 전동기** : 계자 권선과 전기자 권선에 공급되는 전원을 분리하여, 계자 권선을 외부의 별도 전원으로 여자하는 직류 전동기이다. 계자 전류를 독립적으로 조정할 수 있어 속도 제어가 용이하고 속도 변동이 적어, 주로 정밀한 속도 제어가 필요한 산업 설비에 사용된다.

54 다음 중 권선형 유도전동기에서 비례추이를 할 수 있는 것은?

① 출력

② 2차 동손

③ 효율

④ 역률

▶ **해설** | 권선형 유도전동기의 비례추이
　　　㉠ 가능 : 1차 입력, 1차 전류, 역률
　　　㉡ 불가능 : 출력, 효율, 2차 동손

55 3상 유도전동기의 운전 중 급속 정지가 필요할 때 사용하는 제동 방식으로 옳은 것은?

① 회생제동

② 발전제동

③ 직류제동

④ 역상제동

▶ **해설** | ④ 역상제동(플러깅)은 유도전동기의 3상 중 2상 접속을 바꿔 회전 방향과 반대 방향의 토크를 발생시켜 전동기를 급제동
　　　시키는 방식이다.

56 3상 권선형 유도전동기에서 2차측 저항을 2배로 증가시킬 경우 최대 토크는 어떻게 되는가?

① $\frac{1}{2}$ 배로 된다.

② 2배로 된다.

③ $\sqrt{2}$ 배로 된다.

④ 변하지 않는다.

▶ **해설** | ④ 3상 권선형 유도전동기의 최대 토크는 2차 저항과 상관없이 항상 일정하다.

　　　▶ **시험장 풀이전략**
　　　3상 권선형 유도전동기의 최대 토크 = 항상 일정(변하지 않는다)!

57 $15[kW]$, $100[V]$ 3상 유도전동기의 슬립이 $4[\%]$일 때 2차 동손은 몇 $[W]$인가?

① 200

② 400

③ 600

④ 1000

▶ **해설** | ① $P_{c2} = sP_2 = 0.04 \times 15 = 0.6[kW] = 600[W]$

58 3상 유도전동기의 동기속도를 N_s, 회전속도를 N, 슬립이 s인 경우 2차 효율$[\%]$은?

① $\dfrac{N}{N_s} \times 100$

② $\dfrac{N_s}{N} \times 100$

③ $(s-1) \times 100$

④ $\dfrac{1}{s}(N_s - N) \times 100$

▶ **해설** | ① 2차 효율 $\eta_2 = (1-s) \times 100 = \dfrac{N}{N_s} \times 100[\%]$

59 3상 유도전동기의 슬립이 $6[\%]$, 2차 동손이 $0.6[kW]$인 경우 2차 입력$[kW]$은?

① 5

② 10

③ 15

④ 20

▶ **해설** | ② 2차 입력 $P_2 = \dfrac{P_{c2}}{s} = \dfrac{0.6}{0.06} = 10[kW]$

▶ **TIP** | 2차 동손 … $P_{c2} = sP_2$

60 슬립이 10[%], 극수 4극, 주파수 60[Hz]인 유도 전동기의 회전속도[rpm]는?

① 1,410

② 1,530

③ 1,620

④ 1,750

▶ **해설** | ③ 동기속도가 $N_s = \dfrac{120f}{P} = \dfrac{120 \times 60}{4} = 1,800[rpm]$ 이므로

회전속도는 $N = (1-s)N_s = (1-0.1) \times 1,800 = 1,620[rpm]$ 이다.

▶ **시험장 풀이전략** |

동기 속도 $N_S = \dfrac{120f}{P}[rpm]$, 회전 속도 $N = (1-s)N_s[rpm]$

회전 속도는 동기 속도를 구한 뒤 슬립공식을 적용해 구해야 한다.

61 다음 중 동기속도가 1,500[rpm]이고 회전수가 1,440[rpm]인 유도전동기의 슬립[%]은?

① 1

② 2

③ 3

④ 4

▶ **해설** | ④ $s = \dfrac{N_s - N}{N_s} \times 100 = \dfrac{1,500 - 1,440}{1,500} \times 100 = 4[\%]$

62 권선형 유도전동기의 농형유도전동기 대비 이점으로 옳은 것은?

① 효율이 우수하다.

② 기동토크가 크다.

③ 조작이 쉽다.

④ 구조가 간단하다.

▶ **해설** | ② 권선형 유도전동기는 기동토크가 크고, 기동전류를 작게 할 수 있다.

63 유도 전동기 기동 시 회전자 측에 저항을 넣는 이유로 옳은 것은?

① 역률 개선

② 회전수 감소

③ 기동전류 감소

④ 기동토크 감소

▶**해설** | ③ 유도전동기 기동 시 회전자 측에 외부 저항을 삽입하면, 비례추이 원리에 의해 기동전류는 감소하고 기동토크는 증가한다.

64 $220[V]$, $10[kW]$ 3상 유도전동기의 전류는 약 몇 $[A]$인가? (단, 유도전동기의 효율과 역률은 0.75이다.)

① 47 ② 52

③ 55 ④ 60

▶**해설** | ① 3상 소비전력 $= P = \sqrt{3}\,VI\cos\theta \times$ 효율

$$\text{전류} = I = \frac{P}{\sqrt{3}\,V\cos\theta \times \text{효율}} = \frac{10\times10^3}{\sqrt{3}\times220\times0.75\times0.75} = 47[A]$$

65 $200[V]$, $60[Hz]$, 8극, $15[kW]$의 3상 유도전동기에서 전 부하 회전수가 $720[rpm]$이면 이 전동기의 2차 효율은 몇 $[\%]$인가?

① 75

② 80

③ 85

④ 90

▶**해설** | ㉠ 2차 효율 : $\eta_2 = (1-s)\times100[\%]$

㉡ 동기속도 : $N_s = \dfrac{120f}{P} = \dfrac{120\times60}{8} = 900[rpm]$

㉢ 슬립 : $s = \dfrac{N_s - N}{N_s} = \dfrac{900-750}{750} = 0.2$

$\therefore \ \eta = (1-s) = (1-0.2)\times100[\%] = 80[\%]$

Answer. 60.③ 61.④ 62.② 63.③ 64.① 65.②

66 3상 유도전동기의 1차 입력 60$[kW]$, 1차 손실 1$[kW]$, 슬립 3$[\%]$일 때 기계적 출력 $[kW]$은?

① 35

② 43

③ 50

④ 57

▶ **해설** | ④ $P_a = (1-s)P_2 = (1-s)(입력 - 손실)$
$$= (1-0.03) \times (60-1) = 57.23 ≒ 57[kW]$$

67 등가 회로의 정수를 구하기 위한 3상 유도전동기의 원선도 시험에 필요하지 않은 것은?

① 무부하시험

② 저항 측정

③ 토크 시험

④ 구속시험

▶ **해설** | 3상 유도전동기의 원선도 시험
　　ㄱ 저항 측정시험 : 1차 동손
　　ㄴ 무부하시험 : 여자전류, 철손
　　ㄷ 구속시험(단락시험) : 2차 동손

68 9$[kW]$, 200$[V]$ 유도전동기의 전전압 기동 시의 기동전류가 180$[A]$이었다. 여기에 Y-△ 기동 시 기동전류는 몇 $[A]$가 되는가?

① 60

② 120

③ 180

④ 200

▶ **해설** | ① Y-△ 기동 시 기동전류는 전전압 기동 시보다 $\frac{1}{3}$로 감소하므로 $180 \times \frac{1}{3} = 60[A]$이다.

　　▶ **시험장 풀이전략**

　　Y-△ 기동전류 = 전전압 기동전류 ÷ 3

69 단상 전파 사이리스터 정류회로에서 점호각이 $60°$일 때의 정류전압은 몇 [V]인가? (단, 전원측 전압의 실효값은 100[V]이고, 유도성 부하이다.)

① 135

② 117

③ 90

④ 45

▶ **해설** | ④ $E_d = 0.9 E cos\alpha = 0.9 \times 100 \times cos60° = 45[V]$

▶ **TIP** | 유도성 부하(L)일 경우 $cos\alpha$를 곱하고, 저항성 부하(R)일 경우에는 $\dfrac{1+cos\alpha}{2}$ 를 곱한다.

70 3상 유도 전동기의 운전 중 전압이 90[%]로 저하되면 토크는 몇 [%]인가?

① 64

② 72

③ 81

④ 90

▶ **해설** | ③ 유도전동기에서 토크(τ)는 공급전압의 제곱(V^2)에 비례한다.

　　　　$\tau \propto V^2$에서 전압이 10[%] 감소하면 $(0.9V)^2$이 되어 $\tau = (0.9)^2 = 0.81 = 81[\%]$가 된다.

71 슬립 $s = 8[\%]$, 2차 저항 $r_2 = 0.1[\Omega]$인 유도 전동기의 등가저항 $R[\Omega]$은 얼마인가?

① 1.15

② 2.13

③ 2.5

④ 3.04

▶ **해설** | ① $R = r_2 \left(\dfrac{1}{s} - 1\right) = 0.1 \times \left(\dfrac{1}{0.08} - 1\right) = 1.15[\Omega]$

📄 **Answer.**　66.④　67.③　68.①　69.④　70.③　71.①

72 농형 유도 전동기의 기동법으로 옳지 않은 것은?

① 기동 보상기에 의한 기동법

② 2차 저항 기동법

③ 리액터 기동법

④ 직입 기동법

▶ **해설** | ② 2차 저항 기동은 권선형 유도전동기의 기동법이다.

▶ **TIP** | 농형 유도 전동기의 기동법

　　㉠ 직입(전전압) 기동 : 5[kW] 이하

　　㉡ Y-△ 기동 : 5 ~ 15[kW] 이하(이때 전전압 기동 시보다 기동전류가 $\frac{1}{3}$ 배로 감소한다)

　　㉢ 기동 보상기법 : 15[kW] 이상(3상 단권변압기를 이용한다)

　　㉣ 리액터 기동 : 전동기 전원에 직렬리액터를 연결하여 기동전류를 제한하고 토크도 함께 줄인다. 중·대용량에 적합하다.

73 유도 전동기에 기계적 부하를 걸었을 때 출력에 따라 속도, 토크, 효율, 슬립 등의 변화를 나타낸 출력 특성 곡선에서 슬립을 나타내는 곡선은?

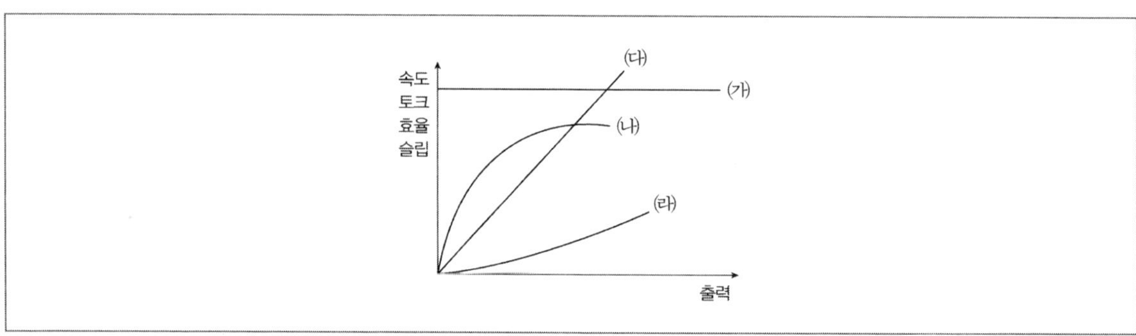

① (가)

② (나)

③ (다)

④ (라)

▶ **해설** | ④ (가) : 속도, (나) : 효율, (다) : 토크. (라) : 슬립, 슬립이 증가할수록 전동기 출력이 증가하고, 기울기가 완만해진다.

74 다음은 3상 유도전동기 고정자 권선의 결선도를 나타낸 것이다. 이에 대한 내용으로 옳은 것은?

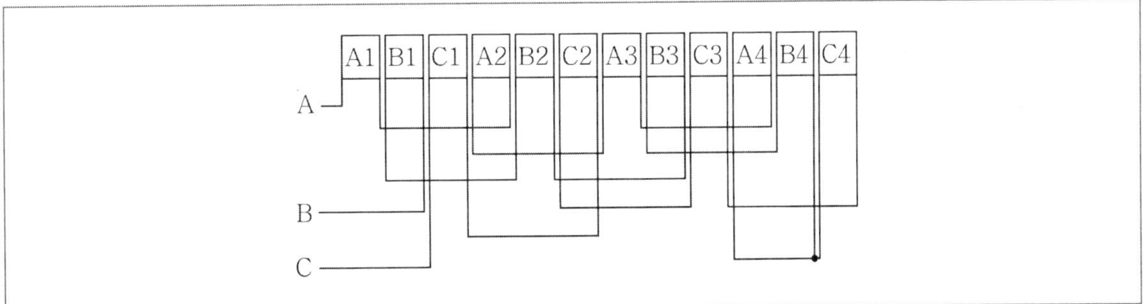

① 3상 3극, △결선

② 3상 3극, Y결선

③ 3상 4극, △결선

④ 3상 4극, Y결선

▶**해설** | ㉠ 전동기 입력단에 A, B, C 세 개의 선이 들어가므로 3상이다.

㉡ 권선 뭉치(코일변) 하나가 자석의 한 극(N극 또는 S극)을 형성하므로, A상만 따라가 보면 A1, A2, A3, A4 총 4개의 권선 뭉치가 존재하므로 4극 유도 전동기이다.

㉢ 각 상(A,B,C)의 끝부분이 한 점(중성점)에 모두 모여 묶여 있는 형태로 Y결선이다.

▶**시험장 풀이전략**

전동기 입력단에 들어가는 선의 개수(A ~ C)로 상을 판별하고, A_1부터 적혀있는 숫자(A_4)를 통해 극수를 바로 알 수 있다. 선들이 하나의 '검은 점'으로 모이면 Y결선, 서로 꼬리에 꼬리를 물고 연결되면 △결선이다.

75 3상 유도전동기의 속도제어 방법 중 인버터(Inverter)를 이용한 속도 제어법으로 옳은 것은?

① 토크 제어법   ② 극수 변환법

③ 전압 제어법   ④ 주파수 제어법

▶**해설** | ④ 유도전동기의 동기속도 $N_s = \dfrac{120f}{P}[rpm]$에서 속도에 직접적인 영향을 주는 요소는 주파수(f)이다.

인버터의 속도 제어는 주파수(f) 제어에 기반하며, 전동기의 힘(토크)을 보존하기 위해 전압(V)을 세트로 함께 조절한다(V/f 일정 제어).

▶**시험장 풀이전략**

인버터 제어 = 주파수 제어(V/f 일정)

▤ Answer. 72.②   73.④   74.④   75.④

76 동기 발전기를 회전계자형으로 하는 이유로 옳지 않은 것은?

① 전기자 권선의 저전압 절연 처리가 용이하다.

② 전기자 단자에 발생한 고전압을 슬립링 없이 간단하게 외부회로에 인가할 수 있다.

③ 기계적으로 튼튼하게 만드는 데 용이하다

④ 전기자가 고정되어 있어 제작비용이 절감된다.

▶ **해설** | 회전계자형을 사용하는 이유

　ㄱ 전기자 권선의 고전압 절연 처리가 용이하다.

　ㄴ 전기자 단자에 발생한 고전압을 슬립링 없이 간단하게 외부 회로로 연결할 수 있다.

　ㄷ 기계적으로 튼튼하게 제작하기 용이하다.

　ㄹ 전기자가 고정되어 있어 제작비용이 절감된다.

77 동기기의 전기자 권선법으로 옳지 않은 것은?

① 전층권

② 고상권

③ 2층권

④ 폐로권

▶ **해설** | ① 동기기의 전기자 권선법으로는 고상권, 폐로권, 2층권, 중권, 단절권, 분포권 등이 있다.

78 동기 발전기의 전기자 권선을 단절권으로 할 때 효과로 옳은 것은?

① 고조파를 제거한다.

② 효율이 좋아진다.

③ 기전력이 높아진다.

④ 난조를 방지한다.

▶ **해설** | ① 동기 발전기의 전기자 권선을 단절권으로 하면 고조파를 제거하여 기전력의 파형을 개선하고 동량(권선)이 감소한다.

79 동기 발전기의 전기자 권선을 분포권으로 할 때 효과로 옳은 것은?

① 집중권에 비하여 합성 유기기전력이 높아진다.

② 권선의 리액턴스가 커진다.

③ 파형이 좋아진다.

④ 역률이 좋아진다.

▶ **해설** | ③ 동기 발전기의 전기자 권선을 분포권으로 하면 고조파를 제거시켜 기전력의 파형을 개선하고, 권선의 누설 리액턴스를 줄이며, 권선이 분산되어 발열이 고르게 되어 과열 방지(냉각)에 유리하다. 다만, 분포계수 때문에 합성 유기기전력은 집중권보다 약간 작아진다.

80 동기속도 1,800[rpm], 주파수 60[Hz]인 동기 발전기의 극수는 몇 극인가?

① 2

② 4

③ 6

④ 8

▶ **해설** | ② $P = \dfrac{120}{N_s} f = \dfrac{120 \times 60}{1,800} = 4[\text{극}]$

▶ **TIP** | 동기속도 … $N_s = \dfrac{120}{P} f[rpm]$

81 전기자를 고정시키고 자극 N,S를 회전시키는 동기 발전기로 옳은 것은?

① 회전 변류기형   ② 회전 전기자형

③ 회전 계자형   ④ 유도자형

▶ **해설** | ③ 회전 계자형은 전기자를 고정시키고, 회전자에 계자 권선(N,S 자극)을 배치하여 자속을 회전시킨다.

▶ **시험장 풀이전략** |
전기자 고정 + 계자 회전 = 회전 계자형
전기자 회전 + 계자 고정 = 회전 전기자형

Answer. 76.② 77.④ 78.④ 79.④ 80.② 81.③

82 동기전동기의 특징으로 옳지 않은 것은?

① 기동 장치가 필요하다.

② 부하의 역률을 조정할 수가 있다.

③ 공극이 좁고 기계적으로 견고하다.

④ 부하가 변하여도 같은 속도로 운전할 수 있다.

▶**해설** | 동기전동기의 특징

㉠ 자가 기동이 불가능하며 반드시 기동 장치가 필요하다.

㉡ 부하 변동과 관계없이 동기속도(N_s)로 일정하게 운전한다.

㉢ 역률을 조정할 수 있다(계자전류 조정으로 지상 · 진상 · 역률 1 운전 가능).

㉣ 정격 부하 근처에서 효율이 좋다.

㉤ 공극이 넓고, 기계적으로 튼튼하다.

83 동기발전기에서 단락비가 클수록 다음 중 값이 작아지는 것은?

① 역률

② 기기의 중량

③ 전기자 반작용와 단락전류

④ 동기임피던스와 전압변동률

▶**해설** | 단락비가 큰 동기기

㉠ 안정도가 높고, 단락전류가 크다.

㉡ 전기자 반작용 · 동기임피던스 · 전압변동률이 작다.

㉢ 기계가 대형이며, 무겁고, 가격이 비싸고, 효율이 낮다.

84 동기 발전기의 돌발단락전류를 주로 제한하는 것으로 옳은 것은?

① 역상리액턴스

② 누설리액턴스

③ 계자리액턴스

④ 동기리액턴스

▶**해설** | 단락전류의 특성

㉠ 누설리액턴스 : 순간이나 돌발단락전류를 제한하는 것

㉡ 동기리액턴스 : 지속 또는 영구단락전류를 제한하는 것

▶ **시험장 풀이전략** |

돌발(순간) 단락전류는 누설리액턴스로 제한되고, 지속(영구) 단락전류는 동기리액턴스로 제한된다.

85 동기발전기에서 전기자전류가 무부하 유도기전력보다 $\frac{\pi}{2}[rad]$ 앞서 있는 경우에 나타나는 전기자 반작용은?

① 증자 작용

② 감자 작용

③ 교차 자화 작용

④ 직축 반작용

▶ **해설** | ① 동기발전기에서 전기자 전류가 $\frac{\pi}{2}[rad]$ 앞서면 증자 작용이다.

▶ **TIP** | 동기기 전기자 반작용(발전기vs전동기)

위상 상태	동기 발전기	동기 전동기
진상 (+90° 또는 π /2, 앞섬)	증자 작용	감자 작용
동상 (0°)	교차 자화 작용(횡축 반작용)	교차 자화 작용(횡축 반작용)
지상 (−90° 또는 π /2, 뒤처짐)	감자 작용	증자 작용

86 동기기의 전기자 반작용 중에서 전기자 전류에 의한 자기장의 축이 항상 주 자속의 축과 수직이 되면서 자극편 왼쪽에 있는 주 자속은 증가시키고, 오른쪽에 있는 주 자속은 감소시켜 편자작용을 하는 전기자 반작용으로 옳은 것은?

① 증자 작용

② 감자 작용

③ 직축 반작용

④ 횡축 반작용

▶ **해설** | ④ 교차 자화 작용(횡축 반작용)은 주자속과 수직이 되는 반작용으로, 전압과 전류가 동상인 경우를 말한다.

Answer. 82.③ 83.④ 84.② 85.① 86.④

87 3상 동기 발전기를 병렬 운전시키는 경우 고려하지 않아도 되는 것은?

① 주파수가 같을 것

② 회전수가 같을 것

③ 상회전 방향이 같을 것

④ 발생 전압이 같을 것

▶ **해설** | 동기 발전기의 병렬 운전 조건

조건	일치하지 않을 때 발생
크기가 같을 것	무효 순환전류(무효횡류)
위상이 같을 것	유효 순환전류(유효 횡류=동기화 전류)
주파수가 같을 것	난조 발생 (방지책 : 제동권선 설치)
파형이 같을 것	고조파 무효 순환전류
상회전 방향 같을 것	단락 사고 및 역회전 위험

▶ **시험장 풀이전략** |

동기 발전기 병렬 운전 조건은 크 · 위 · 주 · 파 · 상이 같을 것!

88 다이오드를 사용한 정류회로에서 다이오드를 여러 개 직렬로 연결하여 사용하는 경우의 설명으로 가장 옳은 것은?

① 다이오드의 순방향 전압 강하를 증가시킬 수 있다.

② 다이오드를 과전압으로부터 보호할 수 있다.

③ 부하출력의 맥동률을 감소시킬 수 있다.

④ 회로의 전력 변환 효율을 높일 수 있다.

▶ **해설** | ② 다이오드를 직렬 연결하는 목적은 개별 다이오드가 견딜 수 있는 전압보다 높은 입력 전압이 발생할 때, 이를 여러 다이오드가 나누어 부담함으로써 과전압으로부터 소자를 보호할 수 있다.

89 동기발전기의 병렬운전 중 기전력의 크기에 차가 발생하면 나타나는 현상으로 옳은 것은?

① 유효횡류

② 유효순환전류

③ 무효순환전류

④ 고조파전류

▶ **해설** | ③ 동기발전기 병렬운전조건 중 기전력의 크기에 차이가 발생하면, 무효 순환전류(무효 횡류)가 흐른다.

90 3상 동기기에 제동권선을 설치하는 목적으로 옳은 것은?

① 출력증대와 난조방지

② 기동작용과 역률개선

③ 역률개선와 출력증대

④ 기동작용과 난조방지

▶ **해설** | ④ 제동권선은 동기기에서 기전력의 주파수 차이로 인해 발생하는 난조 현상을 억제하기 위해 설치된다. 또한 동기전동기는 자기기동이 불가능하므로, 기동 시 제동권선에 의해 유도전동기와 같은 작용으로 기동 토크를 발생시킨다. 이때 계자회로를 단락하여 기동 과정에서 계자권선에 고전압이 유기되는 것을 방지한다.

91 병렬 운전 중인 동기 발전기의 난조를 방지하기 위하여 자극 면에 유도 전동기의 농형권선과 같은 권신을 설치하는데 이 권선의 명칭으로 옳은 것은?

① 보극권선

② 제동권선

③ 계자권선

④ 전기자권선

▶ **해설** | ② 동기 발전기의 난조 방지를 위해 자극 면에 제동권선을 설치한다.

92 병렬 운전 중인 동기 임피던스가 $10[\Omega]$인 2대의 3상 동기 발전기의 유도기전력에 $150[V]$의 전압 차이가 있다면 무효 순환전류는 몇 $[A]$인가?

① 2.5

② 5

③ 7.5

④ 10

▶**해설** | ③ 동기 발전기의 병렬 운전 시 기전력의 크기가 다르면 무효 순환전류가 흐른다.

$$\therefore \ I_c = \frac{E_c}{Z_{s1} + Z_{s2}} = \frac{150}{10 + 10} = \frac{150}{20} = 7.5[A]$$

▶**TIP** | $E_c \cdots$ 양 기기 간 전압차

93 병렬운전 중인 동기발전기의 유도기전력이 $1,000[V]$, 위상차 60°일 경우 유효순환전류$[A]$는 얼마인가?(단, 합성 동기 임피던스는 $4[\Omega]$이다.)

① 75

② 90

③ 110

④ 125

▶**해설** | ④ 동기발전기의 병렬운전 시 위상차가 발생하면 유효순환전류가 발생한다.

$$\therefore \ I_c = \frac{2E\sin(\delta/2)}{Z_{s1} + Z_{s2}} = \frac{2 \times 1,000 \times \sin 30^\circ}{4} = \frac{2 \times 1,000 \times 0.5}{4} = 125[A]$$

94 2대의 동기발전기 A, B가 병렬운전하고 있을 때 A기의 여자전류를 증가시키면 어떻게 되는가?

① A기의 역률은 낮아지고 B기의 역률은 높아진다.

② A기의 역률은 높아지고 B기의 역률은 낮아진다.

③ A,B 양 발전기의 역률이 낮아진다.

④ A,B 양 발전기의 역률 변화가 없다.

▶**해설** | ① 동기 발전기의 여자전류를 증가시키면 해당 발전기(A기)의 무효전력이 증가하고 역률이 낮아지며, 상대 발전기(B기)의 역률이 높아진다.

▶**시험장 풀이전략**

여자전류 증가 → 해당 발전기 무효전력 증가 → 자기 역률 저하, 상대 발전기 역률 상승

95 동기전동기의 자기기동법에서 계자 권선을 단락하는 이유로 옳은 것은?

① 전기자 전류를 감소시킨다.

② 고전압 유기를 방지한다.

③ 전기자 반작용을 방지한다.

④ 동기 속도에 빨리 도달하기 위해서다.

▶ **해설** | ② 자기기동법은 제동권선을 기동권선으로 활용해 유도전동기처럼 토크를 발생시키는 방식이다. 이때 회전자는 상대속도로 회전자기장에 대해 슬립을 가지므로 계자권선에 교류 기전력이 유도된다. 계자회로가 개방되면 고전압 발생으로 절연파괴 위험이 있으므로, 기동 중 계자권선을 단락하여 고전압 유기를 방지한다.

96 다음 중 동기전동기의 안정도 증진법으로 옳지 않은 것은?

① 단락비 증가

② 관성 효과 증가

③ 제동권선 설치

④ 동기 임피던스 증가

▶ **해설** | ④ 동기 임피던스가 증가하면 전기적 반응이 둔화되어 안정도가 저하된다.

▶ **TIP** | 동기전동기 안정도 향상 대책
  ㉠ 단락비 증가
  ㉡ 관성 효과 증가
  ㉢ 속응여자방식 채용
  ㉣ 제동권선 설치
  ㉤ 동기 임피던스 감소

▶ **시험장 풀이전략**

단락비↑, 관성↑, 속응여자방식, 제동권선 설치 → 안정도 증진
동기 임피던스↑ → 안정도 저하

Answer. 92.③ 93.④ 94.① 95.② 96.④

97 동기전동기의 용도로 적합하지 않은 것은?

① 팬(Fan)

② 크레인

③ 펌프

④ 분쇄기

▶ **해설** | ② 동기전동기는 부하의 크기에 상관없이 항상 일정한 속도(동기속도)로 회전하는 전동기로, 팬(Fan), 송풍기, 펌프, 분쇄기, 압축기, 압연기 등 대용량이며 장시간 일정한 속도로 운전되는 기기에 주로 사용된다. 크레인은 수시로 속도가 변동되는 기계이므로 적합하지 않다.

> ▶ **시험장 풀이전략**
>
> 동기 전동기 = 정속도(일정한 속도)
> 기동과 정지가 빈번한 기계(크레인, 전동차 등)나 "속도 제어가 수시로 필요한 기기" 같은 보기가 나온다면 동기전동기의 용도로 적합하지 않다.

98 동기조상기가 전력용 콘덴서보다 우수한 점으로 옳은 것은?

① 가격이 저렴하다.

② 설치가 간단하다.

③ 진상, 지상역률을 얻는다.

④ 손실이 작다.

▶ **해설** | ③ 동기조상기는 과여자(진상 무효전력 공급 = 콘덴서 역할), 부족여자(지상 무효전력 흡수 = 리액터 역할)를 통하여 진상, 지상 역률을 얻을 수 있다. 다만 전력용 콘덴서는 진상 역률만 얻을 수 있다.

▶ **TIP** | 동기조상기 · 전력용 콘덴서

구분	동기조상기	전력용 콘덴서
조정 범위	진상(+), 지상(−) 모두 가능	진상(+)만 가능
조정 방식	연속적(계자전류 조절)	단계적(전력 개폐기로 조정)
전력 손실	크다	작다
시충전	가능	불가능
가격/보수	비싸고 유지보수가 복잡	저렴하고 설치, 보수가 간편

99 양방향으로 전류를 흘릴 수 있는 양방향 소자가 아닌 것은?

① SSS

② SCR

② DIAC

④ TRIAC

▶ **해설** | ② 양방향성 사이리스터로 SSS, TRIAC, DIAC 등이 있다.

▶ **TIP** | 전력용 반도체 소자(양·단방향) 구분
ⓐ 양방향 소자
- DIAC (2단자)
- SSS (2단자)
- SBS (3단자)
- TRIAC (3단자)
ⓑ 단방향 소자
- SCR (3단자)
- GTO (3단자, 자기소호 가능)
- SUS (3단자)
- SCS (4단자)
- LASCR (2단자, 광제어)

100 다음 중 자기 소호 기능이 가장 좋은 소자로 옳은 것은?

① GTO

② SCR

③ LASCR

④ TRIAC

▶ **해설** | ① GTO(Gate Turn-Off thyristor)는 게이트 신호로 ON-OFF가 자유로우며 개폐 동작이 빠르다. 주로 직류의 개폐에 사용되며 우수한 자기 소호 특성을 가진다.

📄 **Answer.** 97.② 98.③ 99.② 100.①

1 선택지락계전기(selective ground relay)의 용도는?

① 단일 회선에서 지락전류의 방향 선택

② 단일 회선에서 지락고장 회선의 선택

③ 다회선에서 지락전류의 방향 선택

④ 다회선에서 지락고장 회선의 선택

▶ **해설** | ④ 선택지락계전기(SGR)는 다회선 송전선로에서 지락이 발생된 회선만을 검출하여 선택 · 차단할 수 있도록 동작하는 계전기이다.

▶ **TIP** | **보호계전기의 종류**
  ㉠ 과전류 계전기(OCR) : 전류가 설정값 이상일 때 동작하며, 과전류나 단락 사고로부터 설비를 보호하는 계전기이다.
  ㉡ 과전압 계전기(OVR) : 전압이 설정값 이상일 때 동작하며, 과전압으로부터 설비 손상을 방지하는 계전기이다.
  ㉢ 부족 전압 계전기(UVR) : 전압이 설정값 이하일 때 동작하며, 저전압으로부터 설비를 보호하는 계전기이다.
  ㉣ 방향 단락 계전기(DSR) : 교류회로에서 특정한 한 방향으로 일정값 이상의 단락 전류가 흐를 때 동작하는 계전기이다.
  ㉤ 비율차동 계전기(RDR) : 입력전류와 출력전류의 벡터 차이를 비교해 그 차이가 설정 비율 이상일 경우 내부 고장으로 판단 해 동작한다. 변압기, 발전기의 내부 고장을 보호하기 위한 계전기이다.
  ㉥ 지락 과전류 계전기(OCGR) : 지락 사고 시 발생하는 영상전류가 일정값 이상 흐르면 이를 검출하여 지락 사고를 차단하는 계전기이다.
  ㉦ 지락 과전압 계전기(OVGR) : 지락 사고 시 중성점 전위가 상승하여 발생하는 영상과전압이 일정값 이상이 되면 이를 감지하여 지락 사고를 차단하는 계전기이다.
  ㉧ 재폐로계전기 : 계통에 고장이 발생하면 고장 구간을 신속히 차단한 뒤 일정 시간 후 재투입(재폐로)하여 정전 구간을 최소화함으로써 계통의 안정도와 신뢰도를 높이는 계전기이다.

▶ **시험장 풀이전략** |
보호계전기는 설비 손상을 방지하기 위해 설치하므로 단일 회선이 아닌 다회선 중 하나를 선택(S)하여 지락(G)으로 인해 고장난 회선만 검출 할 수 있다고 생각하기!

2 보호를 요하는 회로의 전류가 어떤 일정한 값(정정값) 이상으로 흘렀을 때 동작하는 계전기는?

① 과전류계전기   ② 과전압계전기
③ 차동계전기   ④ 비율차동계전기

▶ **해설** | ① 과전류 계전기(OCR)는 전류가 설정값 이상일 때 동작하며, 과전류나 단락 사고로부터 설비를 보호하는 계전기이다.

3 한 방향으로 일정값 이상의 전류가 흘렀을 때 동작하는 계전기로 옳은 것은?

① 거리계전기

② 방향단락계전기

③ 과전압계전기

④ 선택지락계전기

▶ **해설** | ② 방향 단락 계전기(DSR)는 교류회로에서 특정 방향으로 일정값 이상의 단락 전류가 흐를 때 동작하는 계전기이다.

4 낙뢰, 수목 접촉, 일시적인 불꽃방전(섬락) 등 순간적인 사고로 계통에서 분리된 구간을 신속히 계통에 재투입시킴으로써 계통의 안정도를 향상시키고 정전 구간을 단축시키기 위해 사용되는 계전기는?

① 비율차동계전기

② 선택지락계전기

③ 과전류계전기

④ 재폐로계전기

▶ **해설** | ④ 재폐로계전기는 계통에 고장이 발생하면 고장 구간을 신속히 차단한 뒤 일정 시간 후 재투입(재폐로)하여 정전 구간을 최소화함으로써 계통의 안정도와 신뢰도를 높이는 계전기이다.

5 수 · 변선설비에서 계기용 변류기(CT)의 설치 목적으로 옳은 것은?

① 고전압을 저전압으로 변성

② 대전류를 소전류로 변성

③ 지락전류 측정

④ 선로의 역률 개선

▶ **해설** | ② 1계기용 변류기(CT, Current Transformer)는 대전류를 소전류(표준 5[A])로 변성하여 계측 및 보호에 사용하기 위한 전류 변성기이다. CT의 2차측 개방 시 고전압 발생으로 소손 · 감전 위험이 크므로, 점검 시 반드시 2차측을 단락(Short)해야 한다.

> ▶ **시험장 풀이전략**
> CT는 대전류를 소전류[5A]로 변성, 점검 시 2차측 단락

🖳 **Answer.** 1.④ 2.① 3.② 4.④ 5.②

6 전선의 구비 조건이 아닌 것은?

① 비중이 클 것

② 내구성이 클 것

③ 고유저항이 작을 것

④ 전압강하가 작을 것

▶ **해설** | 전선 구비 조건

  ㉠ 전압 강하가 작을 것

  ㉡ 비중이 작을 것(중량이 가벼울 것)

  ㉢ 전기저항(고유저항)이 작을 것

  ㉣ 가요성(유연성), 기계적 강도가 클 것

  ㉤ 내구성, 내열성, 내식성이 클 것

  ㉥ 허용전류가 크고 도전율이 높을 것

  ㉦ 시공 및 보수의 취급이 용이하고 가격이 저렴할 것

7 한국전기설비규정(KEC)에서 정하는 옥내배선의 보호도체(PE)의 색별표시로 옳은 것은?

① 청색

② 회색

③ 녹색−흑색

④ 녹색−노란색

▶ **해설** | 전선의 상(Phase)별 색상

상(문자)	색상
L1	갈색
L2	흑색
L3	회색
N(중성선)	청색
보호도체(PE)	녹색−노란색

8　인입용 비닐 절연전선의 기호로 옳은 것은?

① VV

② DV

③ OW

④ NR

▶ **해설** │ ② DV : 인입용 비닐 절연전선

① VV : 비닐 절연 비닐외장 케이블

③ OW : 옥외용 비닐 절연전선

④ NR : 450/750[V] 일반용 단심 비닐 절연전선

▶ **TIP** │ **전선 및 케이블의 종류**

㉠ VV : 비닐 절연 비닐외장 케이블

㉡ OW : 옥외용 비닐 절연전선

㉢ OC : 옥외용 가교폴리에틸렌 절연전선

㉣ NR : 450/750[V] 일반용 단심 비닐 절연전선

㉤ NRI : 300/500[V] 기기 배선용 유연성 단심 비닐 절연전선

㉥ NF : 450/750[V] 일반용 유연성 단심 비닐 절연전선

㉦ NFI : 기기 배선용 유연성 단심 비닐 절연전선

㉧ IV : 600[V] 비닐 절연전선

㉨ FL : 형광 방전등용 전선

▶ **시험장 풀이전략** │

D → 인입용, V → 비닐, O → 옥외용, N → 단심 비닐, FL → 형광등용 꼭 기억하기!

9　450/750[V] 일반용 단심 비닐 절연전선의 약호는?

① IV

② OC

③ DV

④ NR

▶ **해설** │ ① IV : 600[V] 비닐 절연전선

② OC : 옥외용 가교폴리에틸렌 절연전선

③ DV : 인입용 비닐 절연전선

Answer.　6.①　7.④　8.②　9.④

10 조명등을 호텔 입구에 설치할 때 현관등은 최대 몇 분 이내에 소등되는 타임스위치를 시설하여야 하는가?

① 1　　　　　　　　　　　　　　　　　② 2

③ 4　　　　　　　　　　　　　　　　　④ 5

▶**해설** | 센서등(현광등) 설치 시 타임스위치 소등 시간
　　　㉠ 일반 주택 및 아파트 현관등 : 3분 이내
　　　㉡ 숙박업소 객실의 입구등 : 1분

11 1개의 전등을 2개소에서 점멸할 수 있는 배선으로 옳은 것은?

①
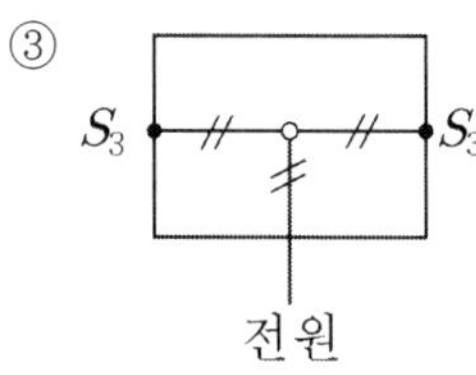

②
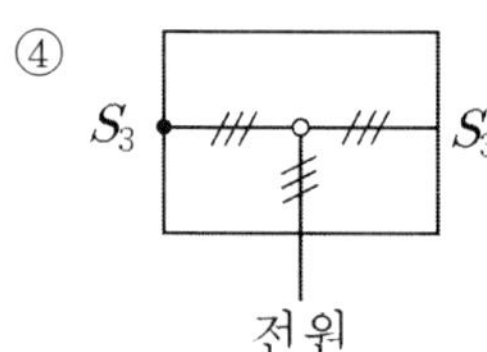

③

④

▶**해설** | ② 1개의 등을 2개소에서 점멸하고자 할 경우 3로 스위치 앞은 3가닥, 전원 앞은 2가닥으로 배선해야 한다.

▶**TIP** | n개소 점멸 시 필요한 스위치 개수
　　　㉠ 2개소 점멸 시 : 3로 스위치 2개 필요
　　　㉡ 3개소 점멸 시 : 3로 스위치 2개, 4로 스위치 1개 필요
　　　㉢ 4개소 점멸 시 : 3로 스위치 2개, 4로 스위치 2개 필요

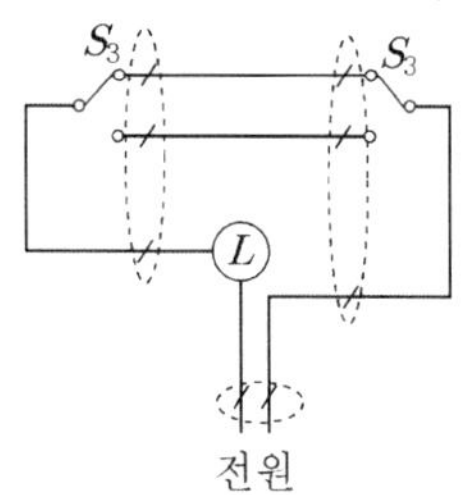

12 하나의 콘센트에 둘 또는 세 개의 기계 기구를 연결하여 사용할 수 있는 장치로 옳은 것은?

① 코드 접속기

② 연장 코드

③ 테이블 탭

④ 멀티탭

▶**해설** | ④ 멀티탭 : 하나의 콘센트에 둘 또는 세 개의 기계 기구를 연결하여 사용하는 장치이다.
　　① 코드 접속기 : 전선 간 연결에 사용하는 장치로, 플러그 부분과 커넥터 본체로 구성된다.
　　② 연장 코드 : 콘센트 위치를 연장하는 장치이다.
　　③ 테이블 탭 : 여러 개의 코드를 연결할 수 있고 전선을 인출해서 사용할 수 있는 장치이다. 테이블 밑에서 사용할 수 있어 테이블 탭이라고 한다.

13 다음 중 과전류차단기를 설치하는 곳으로 옳은 것은?

① 다선식 선로의 중성선

② 변압기 간선의 전압측 전선

③ 접지공사의 접지도체

④ 저압 가공전선로의 접지측 전선

▶**해설** | 과전류차단기 시설 제한 장소
　　㉠ 접지공사의 접지도체
　　㉡ 다선식 선로의 중성선
　　㉢ 전로 일부에 접지공사를 한 저압가공전선로의 접지측 전선

14 다음 중 과전류차단기를 설치하여야 할 곳으로 옳지 않은 것은?

① 저압가공전선로의 접지측 전선

② 보호용, 인입선 등 분기선을 보호하는 곳

③ 송 · 배전선로의 보호용, 인입선 등 분기선을 보호하는 곳

④ 인입구나 간선의 전원측 전선

▶**해설** | 과전류차단기의 시설 장소
　　㉠ 변압기나 발전기, 전동기 등과 같은 기계기구를 보호하는 장소
　　㉡ 인입구나 간선의 전원측 및 분기점 등 보호 또는 보안상 필요한 장소
　　㉢ 송 · 배전선로 등에서 보호를 요하는 장소

　　▶ **시험장 풀이전략** |
　　과전류 차단기는 '접지', '중성선'이라는 말이 들어가는 곳에는 시설할 수 없다.

Answer. **10.**① **11.**② **12.**④ **13.**② **14.**①

15 옥내배선공사에서 대지전압 150$[V]$를 초과하고 300$[V]$ 이하 저압전로의 인입구에 인체감전사고를 방지하기 위하여 반드시 시설해야 하는 지락차단장치는?

① 배선용 차단기

② 커버나이프 스위치

③ 과전압 차단기

④ 누전차단기

▶**해설** │④ 대지전압이 150$[V]$를 초과하고 300$[V]$ 이하 저압전로의 인입구에는 반드시 누전차단기를 시설해야 한다.

▶**TIP** │ **누전차단기 시설 장소**

  ㉠ 사용전압이 50V를 초과하고 금속제 외함을 갖는 저압 기계·기구에 대해, 사람이 접촉할 위험이 있는 곳에 시설된 전로
  ㉡ 특고압 · 고압 · 저압 전로와 변압기를 통해 결합되며, 사용전압이 400$[V]$ 초과의 저압 전로
  ㉢ 발전기에서 공급하는 사용전압 400$[V]$ 초과의 저압전로
  ㉣ 주택의 인입구(인체감전보호용)

16 전선의 굵기를 측정할 때 사용하는 것으로 옳은 것은?

① 메거

② 어스테스터

③ 와이어 게이지

④ 후크온 메타

▶**해설** │③ 전선의 굵기를 측정할 때에는 와이어 게이지를 사용한다.

▶**TIP** │ **게이지 및 측정기**

  ㉠ 와이어 게이지 : 숫자가 적힌 홈에 전선을 끼워 전선의 굵기를 측정한다.
  ㉡ 버니어 캘리퍼스 : 물체의 길이나 두께, 외경과 내경 및 깊이를 측정할 수 있는 자의 일종이다.
  ㉢ 마이크로미터 : 전선의 굵기, 금속판 등의 두께를 정밀하게 측정한다.
  ㉣ 어스테스터, 콜라우시 브리지법 : 접지저항을 측정한다.
  ㉤ 절연저항계(메거) : 절연저항을 측정한다.
  ㉥ 후크온 메타 : 통전 중인 전선의 전류 및 전압을 측정할 수 있는 계측기이다.

17 금속관과 금속관을 커플링으로 접속할 때 사용되는 공구로 옳은 것은?

① 파이프 렌치

② 파이프 커터

③ 녹아웃 펀치

④ 오스터

▶ **해설** | ① 파이프 렌치는 금속관을 커플링으로 접속할 때 금속관 커플링을 물고 죄는 공구이다.

▶ **TIP** | 전기 설비에 관련된 공구

ㄱ 펜치 : 전선의 절단·접속·바인드 등에 사용하는 공구이다.

ㄴ 녹아웃 펀치 : 배전반, 분전반, 캐비닛 등 금속제 함체에 전선관 접속을 위한 구멍을 뚫을 때 사용하는 공구(홀쏘와 유사한 용도)이다.

ㄷ 오스터 : 금속관의 끝부분에 나사를 내는 공구이다.

ㄹ 리머 : 금속관을 절단한 후 관 내부의 날카로운 것을 다듬는 공구이다.

ㅁ 클리퍼 : 펜치로 절단하기 힘든 굵은 전선을 절단하는 공구이다.

ㅂ 펌프 플라이어 : 로크너트를 조일 때 사용하거나 전선의 슬리브 접속 시 사용하는 공구이다.

ㅅ 와이어 스트리퍼 : 전선의 절연 피복을 벗기는 공구이다.

ㅇ 토치램프 : 합성수지관을 구부리거나 가공할 때 사용하는 가열 공구이다.

ㅈ 프레셔툴 : 솔더리스 커넥터 또는 터미널을 압착시킬 때 사용하는 공구이다.

ㅊ 히키 : 금속관을 구부리는 공구이다.

ㅋ 파이프 벤더 : 금속관을 구부리는 공구이다.

ㅌ 파이프 커터 : 금속관을 절단하는 공구이다.

ㅍ 파이프 바이스 : 금속관을 절단하거나 나사를 낼 때, 파이프를 고정시킬 때 사용하는 공구이다.

18 금속 전선관 작업에서 나사를 낼 때 필요한 공구로 옳은 것은?

① 파이프 벤더

② 프레셔툴

③ 오스터

④ 히키

▶ **해설** | ① 파이프 벤더 : 금속관을 구부리는 공구이다.

② 프레셔툴 : 솔더리스 커넥터 또는 터미널을 압착시킬 때 사용하는 공구이다.

④ 히키 : 금속관을 구부리는 공구이다.

Answer. 15.④ 16.③ 17.① 18.③

19 절연전선으로 전선이 설치(가선)된 배전선로에서 활선 상태인 경우 전선의 피복을 벗기는 것은 매우 곤란한 작업이다. 이런 경우 활선 상태에서 전선의 피복을 벗기는 공구로 옳은 것은?

① 데드 엔드 커버

② 애자 커버

③ 활선 클램프

④ 전선 피박기

▶**해설** | ④ 전선 피박기 : 활선 상태에서 전선 피복을 벗기는 공구로 활선 피박기라고도 한다.
　　　① 데드 엔드 커버 : 배전선로 활선 작업 시 작업자가 현수 애자 등에 접촉하여 발생하는 안전 사고 예방을 위해 전선 작업 개소의 애자 등의 충전부를 방호하기 위한 절연 커버이다.
　　　② 애자 커버 : 애자 보호용 절연 커버이다.
　　　③ 활선 클램프 : 배전선로 활선 작업 시 무정전 상태에서 임시 접속이나 우회 전원 공급을 위해 사용하는 접속용 공구이다.

20 옥내배선공사에서 절연전선의 심선이 손상되지 않도록 피복을 벗길 때 사용하는 공구로 옳은 것은?

① 와이어 스트리퍼

② 케이블 커터

③ 압착 펜치

④ 플라이어

▶**해설** | ② 케이블 커터 : 전선이나 케이블을 절단하는 공구이다.
　　　③ 압착 펜치 : 전선 끝에 단자나 슬리브를 끼운 후, 압력으로 강하게 눌러 고정하는 공구이다.
　　　④ 플라이어 : 전선을 잡거나 비틀고 구부리는 등 다목적으로 사용되는 수공구이다.

21 다음 중 가공전선로의 인입구에 사용하며 금속관공사에서 관 끝부분의 빗물 침입을 방지하는 데 적당한 것은?

① 엔트런스 캡

② 유니버셜 엘보

③ 절연 부싱

④ 터미널 캡

▶**해설** | ① 엔트런스 캡(우에사 캡)은 금속관공사 시 금속관에 빗물이 침입되는 것을 방지하기 위해 가공전선로의 인입구에 사용한다.

22 구리전선과 전기기계기구 단자를 접속하는 경우에 진동 등으로 인하여 헐거워질 염려가 있는 곳에는 어떤 것을 사용하여 접속하여야 하는가?

① 평와셔 2개를 끼운다.

② 스프링 와셔를 끼운다.

③ 압착 단자를 사용한다.

④ 나사 풀림 방지제를 사용한다.

▶**해설** | ② 진동 등으로 인하여 풀릴 우려가 있는 경우 스프링 와셔나 이중 너트를 사용해야 한다.

23 가공전선로의 인입구에 설치하거나 금속관이나 합성수지관으로부터 전선을 뽑아 전동기 단자 부근에 접속할 때 관 단에 사용하는 재료로 옳은 것은?

① 새들

② 부싱

③ 터미널 캡

④ 엔트런스 캡

▶**해설** | ③ 터미널 캡은 배관공사 시 금속관이나 합성수지관으로부터 전선을 뽑아 전동기 단자 부근에 접속할 때 또는 노출 배관에서 금속배관으로 변경 시 전선보호를 위해 관 끝에 설치한다.

24 다음 중 전선의 접속 방법으로 옳지 않은 것은?

① 전선의 접속 부분은 기준 온도 이상이 상승하면 안 된다.

② 전선의 세기를 20[%] 이상 감소시키지 않는다.

③ 전선 접속 부분의 전기저항을 증가시키지 않아야 한다.

④ 접속 부분은 염화비닐 접착 테이프를 이용하여 반폭 이상 겹쳐서 1회 이상 감는다.

▶**해설** | 전선의 접속
　㉠ 전선접속 시 전기저항을 증가시키지 않도록 한다.
　㉡ 전선의 세기는 20[%] 이상 감소시키지 않는다(80[%] 이상 유지한다).
　㉢ 박스 안에서 전선을 접속하고, 접속점에 기계적 장력이 걸리지 않도록 한다.
　㉣ 접속점의 절연 약화를 방지하기 위해 테이핑 또는 와이어 커넥터로 절연한다.
　㉤ 전선의 접속부에 사용하는 테이프 및 튜브 등 도체의 절연에 사용되는 절연 피복은 전기용 접착 테이프에 적합한 것을 사용하고 반폭 이상 겹쳐서 2회 이상 감아야 한다.

Answer. **19.**④ **20.**① **21.**① **22.**② **23.**③ **24.**④

25 재질이 구리(동)인 전선의 종단 접속의 방법이 아닌 것은?

① 비틀어 꽂는 형의 전선 접속기에 의한 접속

② 구리선 압착 단자에 의한 접속

③ 직선 맞대기용 슬리브에 의한 압착 접속

④ 종단 겹침용 슬리브에 의한 접속

▶**해설** | 구리(동)전선의 종단 접속
   ㉠ 구리선 압착 단자에 의한 접속
   ㉡ 비틀어 꽂는 형의 전선 접속기에 의한 접속
   ㉢ 종단 겹침용 슬리브(E형)에 의한 접속
   ㉣ 직선 겹침용 슬리브(P형)에 의한 접속
   ㉤ 꽂음형 커넥터에 의한 접속

26 전선의 굵기가 $6[mm^2]$ 이하의 가는 단선의 직선접속은 어떤 접속을 하여야 하는가?

① 와이어커넥터 접속

② 쥐꼬리 접속

③ 브리타니아 접속

④ 트위스트 접속

▶**해설** | ④ 트위스트 접속 : 단면적 $6[mm^2]$ 이하의 가는 단선끼리 서로 직접 꼬아서 연결하는 직선 접속 방식이다.
  ① 와이어커넥터 접속 : 박스 안에서 와이어커넥터를 이용해 쥐꼬리 접속하는 방법으로, 납땜과 테이프 감기가 불필요하다.
  ② 쥐꼬리 접속 : 박스 안에서 가는 전선을 접속할 때 사용하는 접속 방법이다. 와이어 커넥터를 사용하지 않을 경우, 접속
   부를 절연 테이프로 감아 반드시 절연 처리를 해야 한다.
  ③ 브리타니아 접속 : 단면적 $10[mm^2]$ 이상의 굵은 단선 접속 시, 전선을 직접 꼬지 않고 별도의 조인트선을 사용하여 감
   아서 연결하는 직선 접속 방식이다.

27 전선 접속 시 S형 슬리브 사용에 대한 설명으로 옳지 않은 것은?

① 전선의 끝이 슬리브의 끝에서 조금 나오는 것이 좋다.

② 슬리브는 전선의 굵기에 알맞은 것을 선정한다.

③ 도체는 샌드페이퍼 등으로 닦아서 사용한다.

④ 단선 접속만 가능하다.

▶**해설** | ④ 슬리브 접속은 단선과 연선 접속이 모두 가능하다.

28 메킹 타이어로 슬리브 접속 시 연선의 단면적이 $10[mm^2]$ 이하인 경우 슬리브를 최소 몇 회 이상 비틀림을 해야 하는가?

① 2.5회

② 3.5회

③ 2회

④ 3회

▶ **해설** | 연선의 매킹 타이어 슬리브 접속 시 비틀림 횟수
- ㉠ $10[mm^2]$ 이하 : 2회 이상
- ② $16[mm^2]$ 이하 : 2.5회 이상
- ③ $25[mm^2]$ 이하 : 3회 이상

29 저압 옥내배선에서 합성수지관 공사에 대한 설명 중 옳지 않은 것은?

① 사용 전선은 단선 $10[mm^2]$ 이하, 그 이상은 연선을 사용한다.

② 합성수지관을 새들 등으로 지지하는 경우는 그 지지점 간의 거리를 1.5[m] 이상으로 한다.

③ 합성수지관 상호 및 관과 박스는 접속 시에 삽입하는 깊이를 관 바깥지름의 1.2배 이상으로 한다.

④ 관 상호의 접속은 박스 또는 커플링(coupling) 등을 사용하고 직접 접속하지 않는다.

▶ **해설** | ② 합성수지관 지지점 간격은 $1[m]$ 이하로 해야 한다.

▶ **TIP** | **합성수지관 공사 시공법**
- ㉠ 합성수지관은 대부분의 장소에 시공할 수 있으나, 이중천장(반자 속 포함) 내부나 중량물의 하중 또는 강한 기계적 충격을 받을 우려가 있는 곳에는 설치해서는 안 된다(단, 콘크리트 매입의 경우는 예외로 한다).
- ㉡ 관의 지지점 간격은 $1.5[m]$ 이하로 하며, 관과 박스의 접속부 또는 관 상호 접속부 근처에는 $0.3[m]$ 이내의 거리에 지지점을 설치해야 한다.
- ㉢ 관 내부에서는 전선의 접속점이 없어야 하며, 사용 전선은 단선일 경우 $10[mm^2]$(알루미늄선은 $16[mm^2]$) 이하로 하고, 이보다 클 경우에는 연선을 사용한다.
- ㉣ CD관(콤바인 덕트관)은 옥내 노출 장소나 콘크리트 직접 매입 시공을 제외하고는, 반드시 불연성 마감재 내부나 전용의 불연성 관·덕트 안에 넣어 시공해야 한다.
- ㉤ 관과 관의 연결은 반드시 커플링을 사용해야 한다. 커플링에 삽입되는 배관의 길이는 관 외경(바깥지름)의 1.2배 이상으로 하고, 접착제를 사용할 경우에는 0.8배 이상으로 한다.

Answer. 25.③ 26.④ 27.④ 28.③ 29.②

30 경질 비닐관의 호칭으로 옳은 것은?

① 외경 기준, 짝수 규격

② 외경 기준, 홀수 규격

③ 내경 기준, 짝수 규격

④ 내경 기준, 홀수 규격

▶ **해설** | 경질 비닐관(합성수지관)
　　㉠ 관 호칭 : 안쪽 지름(내경)에 근접한 짝수 규격
　　㉡ 관 종류(9종) : 14, 16, 22, 28, 36, 42, 54, 70, 82[mm]

31 금속관 배관공사에서 절연부싱을 사용하는 이유로 옳은 것은?

① 박스 내에서 전선의 접속을 방지

② 관이 손상되는 것을 방지

③ 관 끝에서 전선의 손상 방지

④ 관의 입구에서 조영재의 접속을 방지

▶ **해설** | ③ 절연부싱은 관 공사 관 끝단에 설치하여 전선의 손상을 방지한다.

32 후강전선관의 호칭으로 옳은 것은?

① 바깥쪽 지름(외경)에 근접한 홀수 규격으로 표시

② 바깥쪽 지름(외경)에 근접한 짝수 규격으로 표시

③ 안쪽 지름(내경)에 근접한 홀수 규격으로 표시

④ 안쪽 지름(내경)에 근접한 짝수 규격으로 표시

▶ **해설** | 후강전선관
　　㉠ 관 호칭 : 안쪽 지름(내경)에 근접한 짝수 규격
　　㉡ 관 종류(10종) : 16, 22, 28, 36, 42, 54, 70, 82, 92, 104[mm]
　　㉢ 관의 두께 : 2.3 ~ 3.5[mm]

▶ **TIP** | 박강전선관
　　㉠ 관 호칭 : 바깥쪽 지름(외경)에 근접한 홀수 규격
　　㉡ 관 종류(7종) : 19, 25, 31, 39, 51, 63, 75[mm]
　　㉢ 관의 두께 : 1.2[mm] 이상의 얇은 전선관

33 다음 그림 중 천장 은폐배선으로 옳은 것은?

① —————————————— ② ― ― ― ― ― ― ― ―

③ - - - - - - - - - - - - -· ④ ― - ― - ― - ― - ― -

▶ **해설** | ① 천장 은폐배선
② 바닥 은폐배선
③ 노출배선
④ 지중매설배선

34 저압 옥내배선공사 중 애자사용공사를 하는 경우 전선 상호 간의 간격은 몇 $[mm]$ 이상 이격하여야 하는가?

① 20 ② 40

③ 60 ④ 80

▶ **해설** | ③ 애자사용공사 시 전선 상호 간 간격은 저압 $60[mm]$, 고압 $80[mm]$이다.

35 최대사용전압이 $70[kV]$인 중성점 비접지식 전로의 절연내력시험 전압은 몇 $[V]$인가?

① $65,000[V]$ ② $68,500[V]$

③ $75,000[V]$ ④ $87,500[V]$

▶ **해설** | ④ 절연내력시험 시 최대사용전압이 $60[kV]$ 초과인 중성점 비접지식 전로는 최대 사용전압의 1.25배 전압을 10분간 연속 인가 시 견뎌야 한다.
∴ $70,000 \times 1.25 = 87,500[V]$

▶ **TIP** | **절연 내력시험**

최대사용전압	전로의 접지방식	절연내력 시험전압비(최저시험전압)
$60[kV]$ 초과 $170[kV]$ 이하	중성점 비접지식 전로	1.25배
	중성점 접지	1.1배(최저 $75[kV]$)
	중성점 직접 접지	0.72배

📝 **Answer.** 30.③ 31.③ 32.④ 33.① 34.③ 35.④

36 분기회로를 보호하기 위한 장치로서 보호장치 및 차단기 역할을 하는 것은?

① 컷 아웃 스위치

② 단로기

③ 배선용 차단기

④ 누전차단기

▶ **해설** | ③ 배선용 차단기(MCCB) : 분기회로에 설치되어 평상시에는 전로를 개폐(ON/OFF)하는 스위치 역할을 하고, 과부하 또는 단락 사고 시 전류를 자동으로 차단하여 배선과 기기를 보호한다.

① 컷 아웃 스위치(COS) : 퓨즈가 부착된 고압용 개폐기로, 주로 주상 변압기의 고압측 인입선에 설치되어 평상시에는 전로를 개폐하고, 사고 시에는 퓨즈 용단으로 변압기와 선로를 보호한다.

② 단로기(DS) : 무부하 상태에서 전로를 개방하거나 투입하는 데 쓰이는 개폐기이다.

④ 누전차단기(ELB) : 배선용 차단기에 누설전류(지락) 감지 기능을 추가한 장치로, 누설전류 또는 과전류 발생 시 자동 차단하는 저압 보호용 차단기이다.

37 사무실, 은행, 상점인 경우 표준부하는 몇 $[VA/m^2]$ 인가?

① 10

② 20

③ 30

④ 40

▶ **해설** | 건물의 종류에 따른 표준부하

건물의 종류	표준부하$[VA/m^2]$
공장, 공회당, 사원, 교회, 극장, 영화관, 연회장 등	10
기숙사, 여관, 호텔, 병원, 학교, 음식점, 다방, 대중목욕탕	20
사무실, 은행, 상점, 이발소, 미용원	30
주택, 아파트	40

38 주택, 기숙사, 호텔 등의 간선 굵기 선정 시 적용하는 수용률은 몇 $[\%]$ 인가?

① 30

② 50

③ 70

④ 90

▶ **해설** | 건축물에 따른 간선의 수용률

건축물의 종류	수용률$[\%]$
주택, 기숙사, 여관, 호텔, 병원, 창고	50
학교, 사무실, 은행	70

39 다음 중 접지의 목적으로 옳지 않은 것은?

① 화재 사고 방지

② 보호계전기의 확실한 동작 확보

③ 기기의 이상전압 상승 시 인체 감전 사고 방지

④ 선로의 전압 강하 방지

▶**해설** | 접지공사의 목적
　　　㉠ 이상전압의 발생 억제 및 기기 보호
　　　㉡ 전로의 대지전압 상승 억제
　　　㉢ 보호계전기의 확실한 동작 확보
　　　㉣ 인체 감전 및 화재 사고 방지

40 접지저항을 측정하는 방법으로 옳은 것은?

① 메거법

② 켈빈 더블 브리지법

③ 콜라우시 브리지법

④ 휘트스톤 브리지법

▶**해설** | ③ 콜라우시 브리지법 : 접지저항 및 전해액 저항 측정 방법이다.
　　　① 메거법 : 절연 저항(매우 큰 저항)을 측정할 때 사용한다.
　　　② 켈빈 더블 브리지법 : $1[\Omega]$ 이하의 매우 작은 저항(저저항)을 정밀 측정할 때 사용한다.
　　　④ 휘트스톤 브리지법 : 중저항(일반적인 저항)을 측정할 때 사용한다.

41 전로에 시설하는 기계기구의 철대 및 금속제 외함(외함이 없는 변압기 또는 계기용 변성기는 철심)에는 접지공사를 하여야 한다. 다음 중 접지공사 생략이 불가능한 장소로 옳은 것은?

① 사용전압이 직류 $300[V]$ 이하인 전기기계기구를 건조한 장소에 설치한 경우

② 저압용 기계기구를 목주나 마루 위 등에 설치한 경우

③ 외함이 없는 계기용 변성기 등을 고무 절연물 등으로 덮은 경우

④ 동작전류 $50[mA]$ 이하, 동작시간 $0.05[sec]$ 이하인 인체감전보호 누전차단기를 설치한 경우

▶**해설** | ④ 동작전류 $30[mA]$ 이하, 동작시간 $0.03[sec]$ 이하인 인체감전보호 누전차단기를 설치한 경우 접지공사 생략이 가능하다.

▶**TIP** | 전로에 시설하는 기계기구의 철대 및 금속제 외함(외함이 없는 변압기 또는 계기용 변성기는 철심)의 접지 공사 생략 가능한 경우
   ㉠ 사용전압이 직류 $300[V]$, 교류 대지전압 $150[V]$ 이하인 전기기계기구를 건조한 장소에 설치한 경우
   ㉡ 저압·고압, $22.9[kV-Y]$ 계통 전로에 접속한 기계기구를 목주 위 등에 시설한 경우
   ㉢ 저압용 기계기구를 목주나 마루 위 등에 설치한 경우
   ㉣ 전기용품 안전관리법에 의한 2중 절연 기계기구
   ㉤ 외함이 없는 계기용 변성기 등을 고무 절연물 등으로 덮은 경우
   ㉥ 철대 또는 외함을 주위의 적당한 절연대를 이용하여 시설한 경우
   ㉦ 2차 전압 $300[V]$ 이하, 정격용량 $3[kVA]$ 이하인 절연 변압기를 사용하고 2차측을 비접지 방식으로 하는 경우
   ㉧ 동작전류 $30[mA]$ 이하, 동작시간 $0.03[sec]$ 이하인 인체감전보호 누전차단기를 설치한 경우

42 변압기 2차측에 접지공사를 하는 이유로 옳은 것은?

① 고·저압 혼촉 방지

② 전압 변동의 방지

③ 전류 변동의 방지

④ 설비의 역률 개선

▶**해설** | ① 고압측과 저압측 사이에 혼촉 사고가 발생할 경우, 저압측에 위험한 고전압이 인가되는 것을 방지하기 위해 변압기 2차측을 접지하여 이상 전압을 대지로 방류한다.

   ▶ **시험장 풀이전략** |
변압기 2차측 접지공사 → 고·저압 혼촉 방지! 암기

43 가공전선로의 지지물에서 다른 지지물을 거치지 아니하고 수용장소의 인입선 접속점에 이르는 가공전선으로 옳은 것은?

① 가공전선   ② 가공인입선

③ 지중인입선   ④ 이웃 연결(연접)인입선

▶**해설** | ② 가공전선로의 지지물에서 다른 지지물을 거치지 아니하고 수용장소의 인입선 접속점에 이르는 가공전선을 가공인입선이라고 한다.

44 수용장소의 인입선에서 분기하여 다른 수용장소의 인입구에 이르는 전선으로 옳은 것은?

① 옥외인입선

② 이웃 연결(연접)인입선

③ 가공인입선

④ 인입간선

▶**해설** | ② 수용장소의 인입선에서 분기하여 다른 수용장소의 인입점까지 연결되는 전선을 이웃 연결(연접)인입선이라 한다.

45 소세력 회로의 전선을 조영재를 붙여 시설할 경우 옳지 않은 것은?

① 전선이 손상 받을 우려가 있는 곳에 시설하는 경우에는 방호장치를 할 것

② 전선은 금속제의 수관·가스관 또는 이와 유사한 것과 접촉되지 않도록 시설할 것

③ 전선은 케이블(통신용 케이블을 포함)인 경우 이외에는 공칭단면적 2$[mm^2]$ 이상의 연동선 또는 이와 동등 이상의 세기 및 굵기의 것일 것

④ 전선은 코드·캡타이어케이블 또는 케이블일 것

▶**해설** | ③ 전선은 케이블(통신용 케이블을 포함)인 경우 이외에는 공칭단면적 1$[mm^2]$ 이상의 연동선 또는 이와 동등 이상의 세기 및 굵기의 것일 것

▶**TIP** | 소세력 회로의 배선(전선을 조영재에 붙여 시설하는 경우)

    ㉠ 전자 개폐기의 조작회로 또는 초인벨·경보벨 등에 접속하는 전로로서 최대 사용전압이 60$[V]$ 이하인 것

    ㉡ 전선이 손상 받을 우려가 있는 곳에 시설하는 경우에는 방호장치를 할 것

    ㉢ 전선은 금속제의 수관·가스관 또는 이와 유사한 것과 접촉되지 않도록 시설할 것

    ㉣ 전선은 케이블(통신용 케이블을 포함)인 경우 이외에는 공칭단면적 1$[mm^2]$ 이상의 연동선 또는 이와 동등 이상의 세기 및 굵기의 것일 것

    ㉤ 전선은 코드·캡타이어케이블 또는 케이블일 것

Answer.   41.④   42.①   43.②   44.②   45.③

46 가공인입선을 시설할 때 경동선의 최소 굵기는 몇$[mm]$인가? (단, 지지물 간 거리(경간)가 15$[m]$를 초과한 경우이다.)

① 2.0

② 2.6

③ 3.0

④ 3.4

▶**해설** | ② 가공인입선은 2.6$[mm]$ 이상의 경동선 또는 이에 동등 이상의 성능을 갖춘 도체를 사용해야 하며, 지지물 간 거리(경간)가 15$[m]$ 이하인 경우에는 2.0$[mm]$ 이상도 허용된다.

47 고압 가공인입선이 도로를 횡단하는 경우 노면상 시설하여야 할 높이는 몇 $[m]$ 이상인가?

① 8.5

② 6.5

③ 6

④ 4.5

▶**해설** | ③ 고압 가공인입선이 도로를 횡단하는 경우 6$[m]$ 이상의 높이에 시설하여야 한다.

▶**TIP** | 가공 인입선의 최소 높이

구분	고압	저압
도로 횡단	6$[m]$ 이상	5$[m]$ 이상(단, 기술상 부득이하고 교통에 지장이 없는 경우 3$[m]$ 이상)
철도 횡단	6.5$[m]$ 이상	6.5$[m]$ 이상
횡단보도교	3.5$[m]$ 이상	3$[m]$ 이상
기타 장소	5$[m]$ 이상	4$[m]$ 이상(단, 기술상 부득이하고 교통에 지장이 없는 경우 2.5$[m]$ 이상)

48 금속전선관을 구부릴 때 금속관은 단면이 심하게 변형이 되지 않도록 구부려야 하며, 일반적으로 그 안 측의 반지름은 관 안지름의 몇 배 이상이 되어야 하는가?

① 2

② 3

③ 6

④ 9

▶**해설** | 금속관 공사의 시설기준
　　㉠ 전선은 절연전선(옥외용 비닐절연전선을 제외한다)일 것
　　㉡ 전선은 연선일 것. 다만, 다음의 것은 적용하지 않는다(짧고 가는 금속관에 넣은 것. 단면적 10$[mm^2]$(알루미늄선 단면적 16$[mm^2]$) 이하의 것).
　　㉢ 전선은 금속관 안에서 접속점이 없도록 할 것
　　㉣ 금속관 두께는 콘크리트 매설 시 1.2$[mm]$ 이상(단, 기타의 것 1$[mm]$ 이상)
　　㉤ 구부러진 금속관의 굽은 부분 반지름은 관 안지름(내경)의 6배 이상일 것

49 지지선(지선)의 중간에 넣는 애자의 명칭으로 옳은 것은?

① 핀애자   ② 장간애자

③ 현수애자   ④ 구슬애자

▶ **해설** | ④ 지지선(지선)의 중간에 사용하는 애자는 구형애자, 지지선(지선)애자, 옥애자, 구슬애자 등이 있다.

50 철근콘크리트주의 길이가 $12[m]$인 지지물을 건주할 경우 땅에 묻히는 깊이는 최소 몇$[m]$ 이상인가? (단, 설계하중이 $6.8[kN]$ 이하이다.)

① 1.2   ② 1.5

③ 2   ④ 2.5

▶ **해설** | ③ 지지물의 건주공사 시 매설 깊이(설계하중이 $6.8[kN]$ 이하)는 $15[m]$ 이하일 때, 매설깊이=전주 길이$\times \dfrac{1}{6}$ 이상이므로,

$$L = 12[m] \times \frac{1}{6} = 2.0[m] \text{ 이상 매설해야 한다.}$$

▶ **TIP** | 표준 매설 깊이
    ㉠ $15[m]$ 초과 $16[m]$ 이하 : $2.5[m]$ 이상
    ㉡ $16[m]$ 초과 $20[m]$ 이하 : $2.8[m]$ 이상

51 일반적으로 가공전선로의 지지물에 취급자가 오르고 내리는 데 사용하는 발판볼드 등은 지표상 몇 $[m]$ 미만의 위치에 설치해서는 안 되는가?

① 1.5   ② 1.8

③ 2.0   ④ 2.5

▶ **해설** | ② 발판 볼트는 지표상 $1.8[m]$ 이상의 높이부터 설치를 시작하며, 완금 하단으로부터 $0.9[m]$ 아래 위치까지 설치한다.

▶ **시험장 풀이전략** |
발판볼트 $1.8[m]$ 미만은 설치를 금지한다.

52 가공전선로의 지지물에 시설하는 지지선(지선)의 안전율은 얼마 이상이어야 하는가? (단, 허용인장하중은 4.31$[kN]$ 이상이다)

① 2 ② 2.5

③ 3 ④ 3.5

▶ **해설** | 지지선(지선)의 시설 규정
- ㉠ 안전율 : 2.5 이상
- ㉡ 허용 인장하중 : 4.31$[kN]$ 이상
- ㉢ 소선 수 : 3가닥 이상의 연선
- ㉣ 소선 지름 : 2.6$[mm]$ 이상의 금속선
- ㉤ 내식성 처리 : 지중 · 지표상 30$[cm]$까지 아연도금 철봉 등 사용

53 점유면적이 좁고 운전 및 보수가 안전하여 공장, 빌딩 등의 전기실에 많이 사용되며, 큐비클(cubicle)형이라고 불리는 배전반으로 옳은 것은?

① 데드 프런트식 배전반

② 포스트형 배전반

③ 폐쇄식 배전반

④ 수직 벽 배전반

▶ **해설** | ③ 폐쇄식 배전반(큐비클형)은 전력계통의 제어, 보호, 측정 기기(차단기, 변압기, 계기 등)를 금속제 상자(캐비닛) 안에 수납하여 구성한 배전반을 말한다.

54 다음 중 배전반 및 분전반의 설치 장소로 옳지 않은 것은?

① 작업자가 쉽게 접근할 수 있는 위치

② 개폐기 조작이 편리한 개방된 공간

③ 진동이나 충격이 적은 안정 구역

④ 습기와 먼지가 차단된 밀폐된 장소

▶ **해설** | 배전반 및 분전반 시설 장소
- ㉠ 전기 회로 · 개폐기를 쉽게 조작할 수 있는 곳
- ㉡ 진동 · 충격이 적은 안정된 곳
- ㉢ 점검 · 유지가 용이한 곳

55 다음 중 변전소의 기능으로 옳지 않은 것은?

① 전압 변환

② 전력 생산

③ 전력계통 보호

④ 전력 조류 제어 및 전압 조정

▶ **해설** | 변전소의 기능
　　　　ㄱ 전압 변환(변압)
　　　　ㄴ 전력 집중 및 분배
　　　　ㄷ 전력계통 보호
　　　　ㄹ 전력 조류 제어 및 전압 조정

▶ **TIP** | 발전소의 기능 … 전력 생산

56 다음 〈보기〉 중 금속관, 합성수지관, 케이블, 애자사용공사가 모두 가능한 특수장소를 고른 것은?

─────〈보기〉─────

(개) 화약류 등의 위험 장소　　　　(내) 부식성 가스가 있는 장소
(대) 위험물 등이 존재하는 장소　　(래) 불연성 먼지가 많은 장소
(매) 습기가 많은 장소

① (내), (래), (매)　　　　　　② (내), (대), (래)

③ (개), (대), (매)　　　　　　④ (개), (내), (래)

▶ **해설** | ① 금속관, 케이블공사는 어느 장소든 모두 가능하지만 합성수지관은 (개)공사가 불가능하고, 애자사용공사는 (개), (대) 공사가 불가능하므로 모두 가능한 특수 장소는 (내), (래), (매)이 된다. 모든 공사가 가능한 특수 장소는 부식성 가스가 있는 장소, 불연성 먼지가 많은 장소, 습기가 많은 장소이다.

▶ **TIP** | 특수장소 공사 가능 여부

특수장소	금속관	합성수지관	케이블	애자
(개) 화약류 위험	O	X	O	X
(내) 부식성 가스	O	O	O	O
(대) 위험물 존재	O	O	O	X
(래) 불연성 먼지	O	O	O	O
(매) 습기 많음	O	O	O	O

Answer. **52.**② **53.**③ **54.**④ **55.**② **56.**①

57 폭발성 분진(먼지)이 존재하는 위험 장소에서 금속관 배선 공사를 할 때, 관 상호 및 관과 박스 기타의 부속 품이나 풀박스 또는 전기 기계 기구의 나사 조임은 몇 턱 이상으로 접속해야 하는가?

① 1턱

② 2턱

③ 4턱

④ 5턱

▶**해설** | ④ 폭연성 분진(먼지) 존재 장소의 금속관 배선 시 관 상호 및 관과 박스 접속을 5턱 이상의 나사 조임으로 접속한다.

58 폭연성 먼지(분진)가 존재하는 장소에서 저압 옥내배선을 시공할 때, 적합한 공사방법의 조합은 어느 것인가?

① CD 케이블 공사, MI 케이블 공사, 제1종 캡타이어 케이블 공사

② CD 케이블 공사, MI 케이블 공사, 개장된 케이블 공사

③ 금속관공사, MI 케이블 공사, 개장된 케이블 공사

④ 금속관공사, CD 케이블 공사, 제1종 캡타이어 케이블 공사

▶**해설** | ③ 폭연성 먼지(분진)가 존재하는 장소의 공사방법으로는 금속관 공사, 개장된 케이블 공사, 무기물 절연 케이블(MI 케이블) 등이 있다.

59 불연성 먼지가 많은 장소에 시설할 수 없는 저압 옥내배선의 방법은?

① 합성수지관 공사

② 케이블 공사

③ 가요전선관 공사

④ 플로어덕트 공사

▶**해설** | ④ 플로어덕트 공사는 $400[V]$ 이하의 점검이 불가능한 은폐된 장소에서만 시공할 수 있다.

▶**TIP** | 불연성 먼지(정미소, 제분소)가 존재하는 장소의 공사 방법

　㉠ 금속관공사

　㉡ 금속덕트 및 버스덕트 공사

　㉢ 가요전선관공사

　㉣ 케이블공사

　㉤ 캡타이어 케이블공사

　㉥ 애자사용공사

　㉦ 합성수지관공사

60 화약류 저장소의 배선공사 시 전용 개폐기에서 화약류저장소의 인입구까지는 어떤 공사를 하여야 하는가?

① 가요전선관을 사용한 지중전선로

② 금속관을 사용한 지중전선로

③ 케이블을 사용한 지중전선로

④ 합성수지관을 사용한 지중전선로

▶ **해설** | 화약류 저장소(화약고) 등의 위험 장소
  ㉠ 전로의 대지 전압 : $300[V]$ 이하
  ㉡ 금속관공사, 케이블공사(단, 화약류 저장소의 인입구까지 이어지는 개폐기 및 과전류차단기 배선은 반드시 케이블로 하고, 지중에 매설하여 시설해야 한다.)

61 저압 연접 인입선의 시설과 관련된 설명으로 옳지 않은 것은?

① 폭 $5[m]$를 넘는 도로를 횡단하여 시설할 수 있다.

② 연접 인입선은 옥내를 관통하여 시설하지 않아야 한다.

③ 전선은 지름 $2.6[mm]$ 이상의 경동선 또는 이와 동등 세기를 사용해야 한다.

④ 인입선에서 분기하는 점으로부터 $100[m]$를 초과하는 지역에 미치지 않아야 한다.

▶ **해설** | ① 연접 인입선은 폭 $5[m]$를 넘는 도로 횡단이 금지되어 있다.

62 셀룰로이드, 성냥, 석유류 등 기타 가연성 위험물질을 제조 또는 저장하는 장소의 배선공사 방법으로 옳지 않은 것은?

① 합성수지관공사(두께 $2[mm]$ 이상)

② 가요전선관공사

③ 금속관공사

④ 케이블공사

▶ **해설** | ② 위험물 제조 · 저장 장소의 배선공사로는 금속관공사, 케이블공사, 합성수지관공사(두께 $2[mm]$ 이상) 등이 있다.

63 사람이 상시 통행하는 터널 내 저압배선의 공사방법으로 옳지 않은 것은?

① 케이블공사

② 애자사용공사

③ 금속몰드공사

④ 합성수지관(두께 2[mm] 미만 및 난연성이 없는 것은 제외)공사

▶ **해설** | ③ 금속몰드공사는 주로 건조하고 전개된(노출된) 장소에서 사용하는 방식으로, 습기가 많고 진동이나 외부 충격의 위험이 있는 터널 내부에서는 안전성이 떨어지므로 사용할 수 없다.

▶ **TIP** | 터널 내 허용되는 공사 방법 … 애자사용, 금속관, 합성수지관(두께 2[mm] 이상), 금속제 가요전선관, 케이블공사

64 교통신호등 제어장치 2차측 배선 제어회로의 최대 허용 전압은 몇 [V] 이하인가?

① 300

② 350

③ 400

④ 450

▶ **해설** | ① 교통신호등 제어장치 2차측 배선 제어회로의 최대 허용 전압은 300[V]이며, 사용전압이 150[V]를 초과하는 경우에는 누전차단기를 시설해야 한다.

65 자동화 설비에서 기구 위치 선정에 사용하는 전동기로 옳은 것은?

① 전기 동력계

② 유니버셜 전동기

③ 스테핑 모터

④ 반동 전동기

▶ **해설** | ③ 스테핑 모터 : 펄스 출력 신호를 이용하여 위치(거리), 속도, 방향을 정밀하게 제어할 수 있는 전동기이다.

① 전기 동력계 : 전동기나 엔진의 출력(토크, 회전력)을 측정하는 장치이다.

② 유니버셜 전동기 : 직류와 교류 전원을 모두 사용할 수 있는 직권형 전동기로, 작은 크기에도 불구하고 고속·고토크 특성이 뛰어나지만, 소음·스파크가 크다. 청소기, 헤어드라이어, 믹서기, 전동드릴 등 고속 회전이 필요한 소형 가전과 휴대용 공구에 널리 사용된다.

④ 반동 전동기 : 여자(Excitation) 회로가 없는 동기 전동기로, 구조가 간단하여 시계, 기록계, 타이머 등 부하가 적고 일정한 속도가 필요한 소형 기기에 사용된다.

66 전기울타리 시설의 사용전압은 얼마 이하인가?

① 220

② 250

③ 440

④ 500

▶**해설** | ② 전기울타리의 전선은 지름 2[mm] 이상의 경동선 또는 인장강도 1.38[kN]을 사용하며, 사용전압 250[V] 이하, 전선과 이를 지지하는 기둥 사이의 이격 거리는 2.5[cm] 이상이어야 한다.

67 한국전기설비규정에 따라, 정격전류 30[A]인 저압전로에서 과전류차단기를 산업용 배선용 차단기를 사용할 경우, 39[A] 전류가 흐르면 몇 분 이내에 자동으로 동작되어야 하는가?

① 1

② 30

③ 60

④ 120

▶**해설** | ③ 과전류차단기로 저압전로에 사용하는 정격전류 63[A] 이하의 산업용 배선용 차단기는, 정격전류의 1.3배 전류가 흐를 경우 60분 이내에 자동으로 동작해야 한다.

▶**TIP** | 주택용 · 산업용 배선용 차단기의 동작특성

정격전류	시간(분)	주택용		산업용	
		정격전류 배수			
		부동작 전류	동작전류	부동작전류	동작전류
63[A] 이하	60	1.13배	1.45배	1.05배	1.3배
63[A] 초과	120				

68 피시 테이프(fish tape)의 용도로 옳은 것은?

① 전선을 테이프로 고정할 때 사용된다.

② 전선의 끝을 마감할 때 사용된다.

③ 전선관 내부를 청소할 때 사용된다.

④ 배관 안으로 전선을 넣을 때 사용된다.

▶**해설** | ④ 배관이나 전선관에 먼저 집어넣고, 전선과 연결한 후 끌어 당겨 전선을 관 안에 넣는 데 사용하는 공구이다.

Answer. 63.③ 64.① 65.③ 66.② 67.③ 68.④

69 피뢰시스템에 접지도체가 접속된 경우 접지저항은 몇 $[\Omega]$ 이하로 유지해야 하는가?

① 10

② 15

③ 20

④ 25

▶**해설** | ① 피뢰 시스템에 접지도체가 접속된 경우 접지저항은 $10[\Omega]$ 이하로 유지되어야 한다.

70 노출장소 또는 점검 가능한 장소에서 제2종 가요전선관을 시설하고 제거하는 것이 자유로운 경우의 곡선 반지름(곡률 반경)은 안지름의 몇 배 이상으로 하여야 하는가?

① 2

② 3

③ 5

④ 6

▶**해설** | 가요전선관 공사 시설기준
　　㉠ 관의 선택 : 2종 금속제 가요전선관을 사용(단, 노출된 장소나 점검이 가능한 은폐 구역에서는 1종 가요전선관도 허용된다.)
　　㉡ 굴곡 반지름(관 안지름 기준)
　　　• 6배 이상 : 시설 후 철거가 어려운 경우
　　　• 3배 이상 : 시설 후 철거가 자유로운 경우

71 동일한 굵기의 단선을 쥐꼬리 접속할 때, 두 전선의 피복을 벗긴 후 심선을 교차시켜 펜치로 비틀어 꼬아야 하는데, 이때 심선이 이루는 교차각은 몇 도가 되어야 하는가?

① $10°$

② $30°$

③ $60°$

④ $90°$

▶**해설** | ④ 쥐꼬리 접속은 박스 안에서 가는 전선을 접속할 때 사용하는 접속 방법이다. 전선의 피복을 충분히 벗긴 뒤, 도체를 서로 $90°$ 로 교차시키고 펜치로 충분히 비틀어 꼰 후, 남은 끝부분을 잘라낸다. 와이어 커넥터를 사용하지 않을 경우, 접속부를 절연 테이프로 감아 반드시 절연 처리를 해야 한다.

72 특고압 수전설비의 결선 기호화 명칭으로 옳지 않은 것은?

① PA – 피뢰기

② PF – 전력퓨즈

③ CB – 차단기

④ DS – 단로기

▶ **해설** | ① 피뢰기의 결선 기호는 LA이다.

73 래크(rack) 배선이 사용되는 곳으로 옳은 것은?

① 저압 지중전선로

② 저압 가공전선로

③ 고압 · 특고압 지중전선로

④ 고압 · 특고압 가공전선로

▶ **해설** | ② 래크 배선은 저압 가공전선로에서 완금 없이 래크를 전주에 부착하여 전선을 수직으로 가설하는 방식이다.

74 사람이 접촉할 가능성이 있는 장소에 접지극을 설치할 때, 지중 몇 $[cm]$ 이상 깊이에 매설해야 하는가?

① 10

② 25

③ 50

④ 75

▶ **해설** | 접지극의 시설기준

㉠ 접지극은 지표면에서 최소 $0.75[m]$ 이상 깊이에 설치하며, 동결 깊이를 고려하여 매설 깊이를 결정해야 한다.

㉡ 철주나 다른 금속 구조물을 따라 접지도체를 설치할 때는 철주 밑면에서 최소 $0.3[m]$ 이상 깊이로 접지극을 매설하고, 그 외 상황에서는 금속체로부터 $1[m]$ 이상 떨어진 지중에 접지극을 매설한다.

㉢ 지하 $0.75[m]$에서 지상 $2[m]$까지의 구간에 접지도체가 노출될 경우, 두께 $2[mm]$ 미만의 합성수지제 전선관이나 가연성 콤바인덕트관을 제외한 합성수지관, 또는 이에 맞먹는 절연성과 강도의 몰드로 덮어야 한다.

---

75 접지공사에서 접지극으로 동봉을 사용하는 경우 최소 길이는 몇 $[m]$인가?

① 0.9

② 1.0

③ 1.2

④ 1.5

▶**해설** | ① 동봉 접지극은 지름 $8[mm]$ 이상, 길이 $0.9[m]$ 이상을 사용한다.

76 실내 전체를 균일하게 조명하는 방식으로 광원을 일정한 간격으로 배치하며 공장, 학교, 사무실 등에서 채용되는 조명방식으로 옳은 것은?

① 간접조명

② 전반조명

③ 국부조명

④ 전반국부조명

▶**해설** | ② **전반조명** : 작업면 전체에 균일한 조도를 제공하기 위해 광원을 일정한 높이와 간격으로 배치하는 방식으로, 사무실·학교·공장 등에서 일반적으로 사용된다.

① **간접조명** : 광속의 대부분을 천장이나 벽면에 비춘 뒤 반사광으로 실내를 밝히는 방식으로, 광속의 90% 이상이 상부로 향한다. 부드럽고 눈부심이 적은 장점이 있으나 조명 효율은 낮아지는 편이다.

③ **국부조명** : 작업면 중 필요한 부분만 높은 조도로 비추기 위해 조명기구를 집중 배치하거나 스탠드 등을 사용하는 방식으로, 밝기 차이가 커 눈부심과 눈의 피로가 발생하기 쉬운 단점이 있다.

④ **전반국부조명** : 전반조명으로 기본적인 시각 환경을 확보한 뒤, 필요한 부분에 국부조명을 더해 고조도를 경제적으로 얻는 방식으로, 병원 수술실이나 공부방, 기계공작실 등에 주로 사용된다.

▶ **TIP** | **직접조명**

광속의 대부분을 작업면에 직접 비추는 방식으로, 일반적으로 광속의 90% 이상이 아래쪽으로 투사된다. 밝기가 높아 효율적이지만 눈부심이 발생할 수 있다.

▶ **TIP** | **조명기구의 배광 방식**

조명방식	상반부 광속[%]	하반부 광속[%]
직접조명	0 ~ 10	90~100
반직접조명	10~40	60~90
전반확산조명	40~60	40~60
반간접조명	60~90	10~40
간접조명	90~100	0~10

▶ **시험장 풀이전략** |

㉠ 국부조명 : 필요한 부분만 고조도

㉡ 전반조명 : 균일한 조도, 공장, 학교, 사무실

㉢ 전반국부조명 : 수술실, 공부방, 기계공작실

77 지지물의 지지선(지선)에 연선을 사용하는 경우 소선 몇 가닥 이상의 연선을 사용하는가?

① 2

② 3

③ 4

④ 5

▶**해설** | ② 지지선에 연선 사용 시 직경 2.6[mm] 이상의 금속선을 3조(가닥) 이상 꼬아서 사용한다.

78 가공 전선로를 지지할 때, 보조로 연결하는 지지선(보강선)을 설치하지 않는 곳은?

① A종 철주

② B종 철주

③ 목주

④ 철탑

▶**해설** | ④ 철탑처럼 구조적으로 충분히 튼튼한 지지물에는 지지선을 설치하지 않는다.

79 전시회나 쇼, 공연장 등에 설치되는 전기설비는 옥내배선이나 이동전선인 경우 사용전압이 몇 [V] 이하인가?

① 400

② 500

③ 600

④ 750

▶**해설** | 전시회, 쇼, 공연장 등 이와 유사한 장소에 설치되는 저압 전기설비
　ⓘ 무대 · 무대마루 아래 · 오케스트라 박스 · 영사실 등 사람이나 무대 장비가 접촉할 가능성이 있는 구역에 시공되는 저압 옥내배선, 전구선 및 이동 전선은 사용전압이 400[V] 이하여야 한다.
　ⓛ 정격 전류 32[A]를 넘지 않는 콘센트 및 조명용 분기회로(비상용 제외)의 경우, 정격 감도 전류가 30[mA] 이하인 누전 차단기를 적용하여 계통을 보호해야 한다.

Answer. 75.① 76.② 77.② 78.④ 79.①

80 고압 전로에 지락 사고가 생겼을 때, 지락전류를 검출하는 데 사용하는 것으로 옳은 것은?

① MOF

② ZCT

③ CT

④ PT

▶ **해설** | ② ZCT(영상 변류기) : 지락 사고 시 발생하는 지락전류(영상 전류)를 검출해 지락 계전기(GR)에 신호를 보낸다.
① MOF(전력수급용 계기용 변성기) : 고전압, 대전류를 각각 저전압, 소전류로 변성하여 전력량계에 공급한다.
③ CT(변류기) : 대전류를 소전류(5A)로 변성하여 계측기나 과전류계전기(OCR)에 공급한다.
④ PT(계기용 변압기) : 고전압을 저전압(110V)으로 변성하여 전압계나 계전기에 공급한다.

81 다음 직류를 기준으로 저압에 속하는 범위는 최대 몇 $[V]$ 이하인가?

① $500[V]$ 이하

② $750[V]$ 이하

③ $1,000[V]$ 이하

④ $1,500[V]$ 이하

▶ **해설** | **전압의 구분**
㉠ 저압 : AC $1,000[V]$ 이하, DC $1,500[V]$ 이하의 전압
㉡ 고압 : AC $1,000[V]$ 초과, DC $1,500[V]$를 초과하고, AC, DC 모두 $7[kV]$ 이하의 전압
㉢ 특고압 : AC, DC 모두 $7[kV]$ 초과의 전압

82 특고압 전선로에서 전선이 3조일 때, 크로스 완금의 표준 길이$[mm]$로 옳은 것은?

① 900

② 1,400

③ 1,800

④ 2,400

▶ **해설** | **전선로 완금 표준 길이$[mm]$**
㉠ 전선 2조 : 저압($900mm$), 고압($1,400mm$), 특고압($1,800mm$)
㉡ 전선 3조 : 저압($1,400mm$), 고압($1,800mm$), 특고압($2,400mm$)

83 접착력은 떨어지나 절연성, 내온성, 내유성이 좋아 연피케이블 접속에 사용되는 테이프로 옳은 것은?

① 비닐 테이프

② 고무 테이프

③ 리노 테이프

④ 자기 융착 테이프

▶ **해설** | ③ 리노 테이프 : 일반 테이프와 달리 끈적이는 접착력이 없는 것이 특징이다. 절연성, 내유성(기름에 강함), 내온성(열에 강함)이 우수해 주로 연피케이블 접속부 절연 처리나 보강에 사용된다.
　① 비닐 테이프 : 가장 일반적인 절연 테이프로, 접착력이 좋고 시공이 간편하다.
　② 고무 테이프 : 탄성이 크고 절연성이 우수하며, 감을 때 잡아당겨서 겹쳐 감는다.
　④ 자기 융착 테이프 : 테이프 상호 간에 융착되어 일체화되는 성질이 있으며, 방수 · 방습 성능이 우수하다.

▶ **TIP** | 리노 테이프 특징
　㉠ 접착력 떨어짐
　㉡ 절연성 · 내유성 · 내온성 우수
　㉢ 연피케이블 접속부 절연 · 보강

84 보호 계전기의 동작시한 특성 중 동작 조건이 설정값에 도달하면 즉시 동작하는 계전기는?

① 순한시 계전기

② 정한시 계전기

③ 반한시 계전기

④ 반한시 – 정한시 계전기

▶ **해설** | ① 순한시 : 입력값이 최소 동작 전류 이상이 되면, 즉시 동작하는 특성을 가진 계전기이다.
　② 정한시 : 입력값이 설정값 이상이 되면, 동작 전류의 크기와 무관하게 일정한 시간에 동작하는 계전기이다.
　③ 반한시 : 입력 전류의 크기와 동작 시간이 반비례하는 특성이다. 입력 전류가 클수록 동작 시간은 짧아지고, 입력 전류가 작을수록 동작 시간은 길어지는 계전기이다.
　④ 반한시 – 정한시 : 전류가 적은 구간에서는 반한시 특성을 보이고, 전류가 일정 값 이상으로 커지면 시간이 더 이상 짧아지지 않고 정한시 특성으로 동작하는 계전기이다.

85 변류기(CT) 개방 시 2차측을 단락하는 이유로 옳은 것은?

① 변류기 효율 증가

② 변류비 유지

③ 2차측 과전류 보호

④ 2차측 절연 보호

▶**해설** | ④ 변류기 2차측이 개방되면 1차측에서 흐르던 부하 전류가 대부분 여자전류로 작용하게 되어, 그 결과 2차측에 높은 유기전압이 발생하여 절연 파괴의 위험이 있으므로 반드시 단락하여야 한다.

86 변압기의 중성점 접지저항 계산식 $R_g = \dfrac{K}{I_g}[\Omega]$에서 고 · 저압 혼촉 시에 고압전로의 1선 지락전류가 I_g $[A]$, 접지저항값이 $R_g[\Omega]$이고, 1초 초과 2초 이내에 자동적으로 고압전로를 차단하는 장치가 설치되어 있을 때 K의 값으로 옳은 것은?

① 150

② 300

③ 450

④ 600

▶**해설** | ② 1초 초과 2초 이내 동작하는 자동 차단장치가 시설되어 있는 경우 K값 $300[V]$을 적용한다.

▶**TIP** | 변압기 중성점 접지저항 계산식

$$R_g = \frac{150, 300, 600}{I_g}[\Omega]$$

㉠ $150[V]$: 특별한 보호장치가 없는 경우(조건이 없는 경우)

㉡ $300[V]$: 1초 초과 2초 이내 동작하는 자동 차단장치 시설이 있는 경우

㉢ $600[V]$: 1초 이내 동작하는 자동 차단장치 시설이 있는 경우

87 단상 3선식(110/220$[V]$)에서 110$[V]$ 전구 Ⓡ, 110$[V]$ 콘센트 Ⓒ, 220$[V]$ 모터 Ⓜ을 설치할 때, 올바른 전원 연결은 무엇인가?

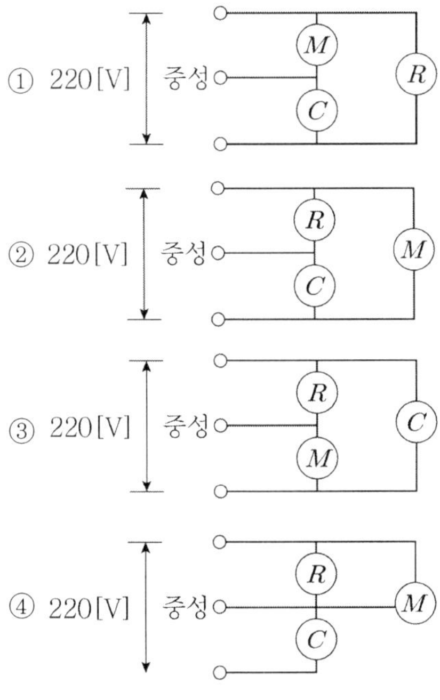

▶**해설** | ② 단상 3선식 전기 방식은 외선 – 중성선 사이에서 110$[V]$, 외선 – 외선 사이에서 220$[V]$를 얻을 수 있는 구조이다. 따라서 110$[V]$가 필요한 전구Ⓡ과 콘센트Ⓒ는 외선 – 중성선 사이에, 220$[V]$가 필요한 모터 Ⓜ은 외선 – 외선 사이에 각각 연결한다.

Answer. 85.④ 86.② 87.②

88 분기회로(S_2)의 보호장치(P_2)는 P_2의 전원측에서 분기점(O) 사이에 다른 분기회로 또는 콘센트의 접속이 없고, 단락의 위험과 화재 및 인체에 대한 위험성이 최소화 되도록 시설된 경우, 분기회로의 보호장치(P_2)는 분기회로의 분기점(O)으로부터 몇 $[m]$까지 이동하여 설치할 수 있는가?

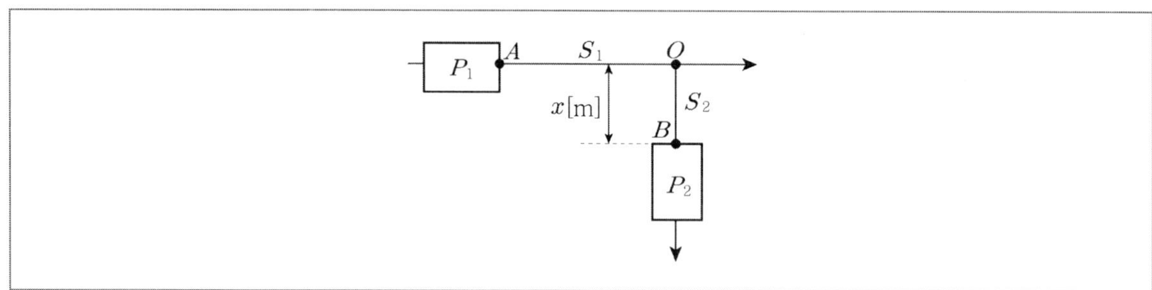

① 2

② 3

③ 4

④ 5

▶ **해설** | ② 분기회로(S_2)의 보호장치(P_2)는 P_2의 전원측으로부터 분기점(O)까지의 구간에 다른 분기회로나 콘센트가 없고, 단락·화재·감전 위험을 최소화하도록 시공된 경우에 한해, 분기점(O)으로부터 최대 $3[m]$ 이내의 위치로 옮겨 설치할 수 있다.

89 가연성 가스가 새거나 체류하여 전기설비가 발화원이 되어 폭발할 우려가 있는 곳에 있는 저압 옥내전기설비의 시설 방법으로 가장 옳은 것은?

① 합성수지관 공사

② 애자사용 공사

③ 플로어덕트 공사

④ 케이블 공사

▶ **해설** | ④ 가연성 가스가 존재하는 장소의 공사 방법으로 케이블 공사, 금속관 공사 등이 있다.

90 전기설비기술기준에서 정한 저압 전선로 중 절연 부분의 전선과 대지 간 및 전선의 심선 상호 간의 절연저항은 사용전압에 대한 누설전류가 최대 공급전류의 얼마를 넘지 않도록 하여야 하는가?

① $\dfrac{1}{2000}$

② $\dfrac{1}{3000}$

③ $\dfrac{1}{4000}$

④ $\dfrac{1}{5000}$

▶ **해설** | ① 누설전류 ≤ 최대 공급전류 × $\dfrac{1}{2000}$ 이다. 누설전류는 최대 공급전류의 $\dfrac{1}{2000}$ 을 넘지 않도록 해야 한다.

91 절연저항을 측정하는 데 정전이 어려워 측정이 곤란한 경우에는 누설전류를 몇 $[mA]$ 이하로 유지하여야 하는가?

① 1

② 3

③ 5

④ 10

▶ **해설** | ① 절연저항 측정 시 정전이 어려워 측정이 곤란한 경우에는 누설전류를 1$[mA]$ 이하로 유지하여야 한다.

▶ **시험장 풀이전략** |

'누설전류' 값이 나올 경우 최대 공급전류 × $\dfrac{1}{2000}$, 1$[mA]$를 생각한다. '정전이 어려워 측정이 곤란한 경우'라는 말이 나오면 1$[mA]$ 선택하면 된다.

 Answer. 88.② 89.④ 90.① 91.①

92 교류 전등 공사에서 금속관 내에 전선을 넣어 연결한 방법으로 옳은 것은?

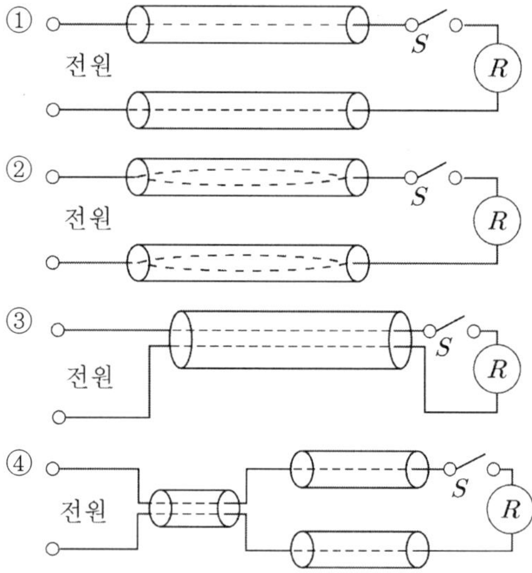

▶ **해설** | ③ 금속관 공사 시 교류 회로의 왕복선은 같은 관 안에 넣어 연결해야 한다.

93 한국전기설비규정(KEC)에서 정하는 전주외등에 대한 설명으로 옳지 않은 것은?

① 전주외등의 전선은 단면적 $2.5[mm^2]$ 이상의 절연전선을 사용한다.

② 케이블공사, 합성수지관공사, 금속관공사가 가능하다.

③ 전주외등의 금속제 등주에는 접지공사를 하지 않는다.

④ 방전등에 공급하는 전로의 사용전압이 $150[V]$ 초과 시 지락 발생 차단 장치를 분기회로에 시설해야 한다.

▶ **해설** | **전주외등** … 대지전압 $300[V]$ 이하의 형광등, 고압방전등, LED등 등을 배전선로의 지지물 등에 시설하는 전등

　㉠ **배선** : 단면적 $2.5[mm^2]$ 이상의 절연전선

　㉡ **배선공사** : 케이블공사, 합성수지관공사, 금속관공사

　㉢ **부착 높이** : 지표상 $4.5[m]$ 이상(단, 교통 지장이 없는 경우 $3[m]$ 이상)

　㉣ **돌출수평거리** : $1[m]$ 이내

　㉤ 전주외등의 금속제 등주(전등 기둥)에는 인명사고 방지를 위해 반드시 접지공사를 해야 한다.

　㉥ 방전등에 공급하는 전로의 사용전압이 $150[V]$를 초과하는 경우 지락 발생 시 자동적으로 전로를 차단하는 장치를 분기회로에 시설해야 한다.

94 코드나 케이블 등을 기계기구의 단자 등에 접속할 때 몇 $[mm^2]$가 넘으면 그림과 같은 터미널 러그(압착단자)를 사용하여야 하는가?

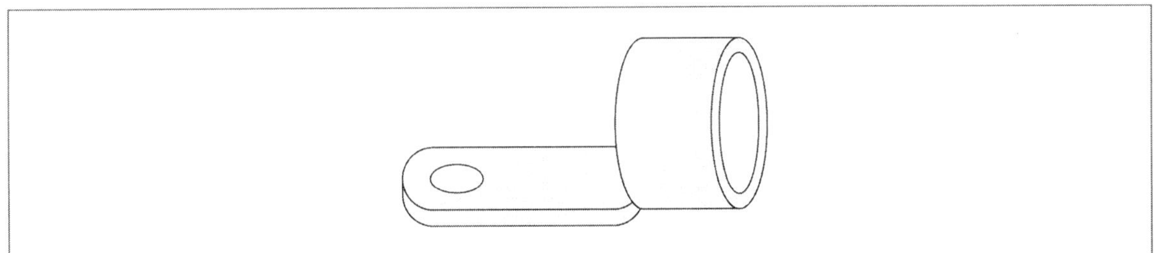

① 6

② 8

③ 10

④ 12

▶ **해설** | ① 기구단자가 누름나사형이나 클램프형 또는 이와 유사한 구조가 아닌 경우 단면적 $6[mm^2]$를 초과하는 코드 및 캡타이어 케이블에는 터미널 러그를 부착해야 한다.

95 가스 차단기에 사용되는 SF_6(육불화황)가스의 성질로 옳지 않은 것은?

① 무색, 무취, 무해 가스이다.

② 같은 압력에서 공기의 $1.5 \sim 2$배의 절연내력이 있다.

③ 소호능력은 공기의 약 100배이다.

④ 화학적으로 안정적이며, 불연성 가스이다.

▶ **해설** | SF_6(육불화황)가스

　　ⓐ 무색, 무취, 무해 가스이다.

　　ⓑ 절연내력은 공기의 $2.3 \sim 2.7$배이다.

　　ⓒ 소호능력은 공기의 약 100배이다.

　　ⓓ 화학적으로 안정적이며, 불연성 가스이다.

96 발전기 및 변압기 내부 고장 보호에 쓰이는 계전기로 옳은 것은?

① 과전류 계전기 ② 지락방향 계전기

③ 접지 계전기 ④ 차동 계전기

▶ **해설** ┃ ④ 발전기 및 변압기 내부 고장 시 유입 전류와 유출 전류의 차이가 생겨 차전류가 발생하고, 이를 차동계전기가 감지하여 즉시 차단기(CB)를 동작시켜 기기를 보호한다.

97 다음 중 방수형 콘센트의 심벌로 옳은 것은?

① EX

② E

③ wp

④

▶ **해설** ┃ ③ wp는 water proof(방수)의 약자이다.
① 방폭형 스위치(점멸기)
② 접지극 붙이 콘센트
④ 점검구

98 실링 직접부착등을 시설하고자 한다. 배선도에 표기할 그림 기호로 옳은 것은?

①

② ─(N)

③

④ (CL)

▶ **해설** ┃ ④ 실링 직접부착등은 천장(Ceiling)에 직접 부착하는 조명이다.
① 옥외등
② 나트륨등(벽부형)
③ 형광등

99 자연 공기 내에서 개방할 때 접촉자가 떨어지면서 자연 소호되는 방식을 가진 차단기로 저압의 교류 또는 직류차단기로 많이 사용되는 것은?

① 가스차단기(GCB)

② 진공차단기(VCB)

③ 유입차단기(OCB)

④ 기중차단기(ACB)

▶**해설** | ④ 차단기가 열릴 때 발생하는 아크(Arc)를 소멸시키는 과정을 '소호'라 하며, 자연 상태의 공기를 이용해 자연적으로 아크를 소호하는 장치는 기중차단기(ACB)이다.

> ▶ **시험장 풀이전략** |
>
> 저압은 공기! → 기중차단기(ACB)
> 고압은 진공 · 가스 · 유입!

100 다음 그림과 같은 전선의 접속법으로 옳은 것은?

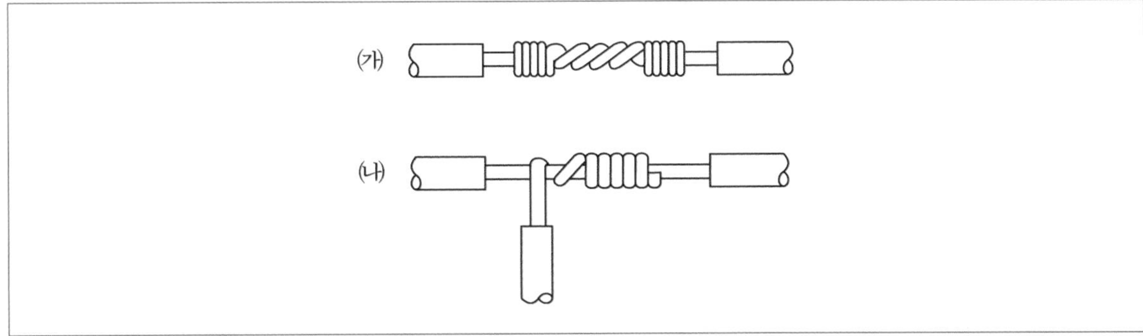

① (가) 직선 접속 (나) 종단 접속

② (가) 일자 접속 (나) 분기 접속

③ (가) 직선 접속 (나) 분기 접속

④ (가) 일자 접속 (나) 종단 접속

▶**해설** | (가) 단선의 트위스트 직선 접속
　　　　 (나) 단선의 트위스트 분기 접속

📑 **Answer.** 96.④ 97.③ 98.④ 99.④ 100.③

01 전기이론

직류회로/전기저항/저항의 접속

1 같은 저항 4개를 그림과 같이 연결하여 a–b 간에 일정 전압을 가했을 때 소비전력이 가장 큰 것은 어느 것인가?

① 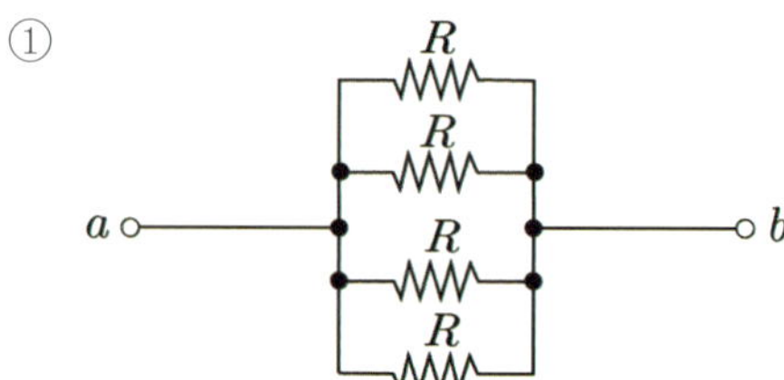

② 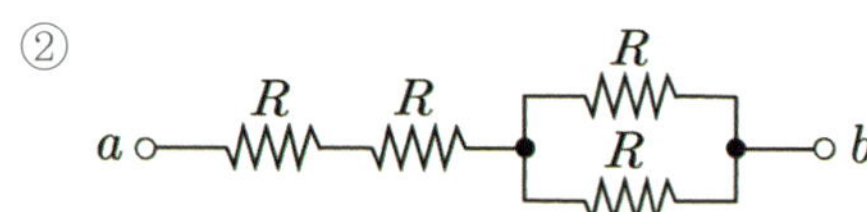

③ 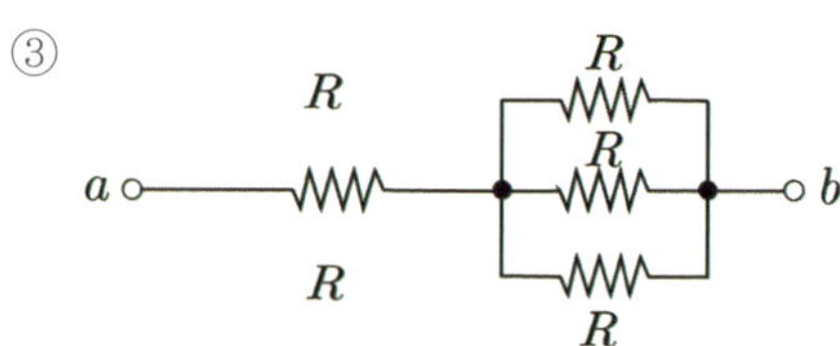

④ $a \circ\!\!-\!\!\mathsf{WW}\!\!-\!\!\mathsf{WW}\!\!-\!\!\mathsf{WW}\!\!-\!\!\mathsf{WW}\!\!-\!\!\circ b$ (R R R R)

▶ 해설 | ④ $I = \dfrac{V}{R+R+R+R} = \dfrac{V}{4R}$ 즉, 저항을 전부 병렬 연결하였을 때 전류가 가장 커지므로 소비전력도 가장 크다.

① $I = \dfrac{V}{\dfrac{R}{4}} = \dfrac{4V}{R}$

② $I = \dfrac{V}{R+R+\dfrac{R^2}{2R}} = \dfrac{V}{2.5R}$

③ $I = \dfrac{V}{R+\dfrac{R}{3}} = \dfrac{3V}{4R}$ (같은 저항이 n개 병렬 연결되어 있을 때는 $R_{병렬} = \dfrac{R}{n}$ 적용)

2 전기적으로 중성이던 물체가 전자를 잃거나 얻음으로써 전기를 띠게 되는 현상은?

① 전압

② 전력

③ 마찰

④ 대전

▶**해설** | ④ 대전은 중성이던 물체가 전자를 잃거나 얻어 양(+) 또는 음(−)의 전하를 띠게 되는 현상을 말한다.

3 전압과 전류의 측정 범위를 확대하기 위해 배율기와 분류기를 사용할 때, 전압계와 전류계의 연결 방법으로 옳은 것은?

① 배율기는 전압계와 병렬 연결, 분류기는 전류계와 병렬 연결

② 배율기는 전압계와 직렬 연결, 분류기는 전류계와 병렬 연결

③ 배율기는 전압계와 직렬 연결, 분류기는 전류계와 직렬 연결

④ 배율기는 전압계와 병렬 연결, 분류기는 전류계와 직렬 연결

▶**해설** | ㉠ 배율기 : 전압계의 측정 범위를 확대하기 위해 전압계와 직렬로 접속하는 저항이다.
　　　　　측정 전압을 배율기와 전압계에 분압시켜, 전압계에는 허용 범위 내의 전압만 인가되도록 한다.
　　　㉡ 분류기 : 전류계의 측정 범위를 확대하기 위해 전류계와 병렬로 연결하는 저항이다.
　　　　　큰 전류가 분류기로 나누어 흘러, 전류계에는 측정 가능한 작은 전류만 흐르게 한다.

4 자체 인덕턴스가 $10[mH]$ 이고, $20[A]$ 의 전류가 흐를 때 코일에 축적되는 에너지는 몇[J]인가?

① 1

② 2

③ 4

④ 5

▶**해설** | ② $W = \dfrac{1}{2}LI^2 = \dfrac{1}{2} \times 10 \times 10^{-3} \times 20^2 = 2[J]$

Answer. 1.④　2.④　3.②　4.②

5 정전용량 C$[W]$의 콘덴서에 W$[J]$의 에너지를 축적하려면 필요한 전압$[V]$은?

① $\sqrt{\dfrac{W}{2C}}$

② $\sqrt{\dfrac{C}{2W}}$

③ $\sqrt{\dfrac{2C}{W}}$

④ $\sqrt{\dfrac{2W}{C}}$

▶ **해설** │ ④ 콘덴서에 축적된 에너지 $W = \dfrac{1}{2}CV^2$에서 $V^2 = \dfrac{2W}{C}$ ⇒ $V = \sqrt{\dfrac{2W}{C}}\,[V]$

▶ **시험장 풀이전략** │

콘덴서 에너지 W → 전압 V = $\sqrt{\dfrac{2W}{C}}$

6 다음 중 전기력선의 설명으로 옳지 않은 것은?

① 전기력선의 접선 방향은 전기장의 방향을 나타낸다.

② 전기력선은 양전하에서 시작하여 음전하로 들어간다.

③ 전기력선의 밀도는 전기장의 세기와 같다.

④ 전기력선은 도체 내부에도 존재한다.

▶ **해설** │ ④ 전기력선은 도체 내부에는 존재하지 않는다.

▶ **TIP** │ **전기력선의 성질**

㉠ 서로 교차하지 않는다.

㉡ 양전하(+)에서 시작하여 음전하(−)로 들어간다.

㉢ 밀도는 전기장의 세기(전계의 세기)와 같다.

㉣ 등전위면과 수직(90°)으로 교차한다.

㉤ 높은 곳에서 낮은 곳으로 향한다.

㉥ 도체의 내부에는 존재하지 않는다.

㉦ 접선 방향은 전기장의 방향을 나타낸다.

7 자극의 세기가 $m_1 = 8 \times 10^{-3}[Wb]$, $m_2 = 6 \times 10^{-3}[Wb]$이고, 거리가 $20[cm]$인 두 자극 사이에 작용하는 힘은 약 몇 $[N]$인가?

① 45

② 54

③ 65

④ 76

▶ 해설 | ④ $F = \dfrac{1}{4\pi\mu_0} \dfrac{m_1 m_2}{r^2} = \dfrac{1}{4\pi \times 4\pi \times 10^{-7}} \dfrac{8 \times 10^{-3} \times 6 \times 10^{-3}}{(20 \times 10^{-2})^2} = 75.99 \fallingdotseq 76[N]$

▶ 시험장 풀이전략 |

'두 자극 사이에 작용하는 힘'이라는 핵심 키워드가 보이면 '자기적 쿨롱의 법칙'공식을 떠올려 각 항목의 숫자를 넣어 계산한다. 거리 r의 단위는 $[m]$인데 $[cm]$로 나올 수 있으니 단위를 주의 깊게 보고, $[cm]$인 경우 $10^{-2}[m]$로 변환하여 계산하여야 한다.

$$F = \frac{1}{4\pi\mu_0} \frac{m_1 m_2}{r^2}[N]$$

8 반지름이 $10[cm]$이고, 감은 횟수가 10회인 원형 코일에 $20[A]$의 전류가 흐를 때 코일 중심의 자장의 세기는 몇 $[AT/m]$인가?

① 1000

② 2000

③ 3000

④ 4000

▶ 해설 | ① $H = \dfrac{NI}{2r} = \dfrac{10 \times 20}{2 \times 0.1} = 1000[AT/m]$ (반지름 r은 단위가 m이므로 10cm → 0.1m가 된다.)

▶ 시험장 풀이전략 |

원형 코일은 환상 솔레노이드 자기장의 세기 공식에서 π 를 빼고 구할 수 있다.

환상 솔레노이드 : $H = \dfrac{NI}{2\pi r}[AT/m]$, 원형 코일 : $H = \dfrac{NI}{2r}[AT/m]$

Answer. 5.④ 6.④ 7.④ 8.①

9 자속밀도 $5[Wb/m^2]$의 평등자장 중에 길이 $2[m]$의 도선을 자장의 방향과 직각으로 놓고 이 도체에 10 $[A]$의 전류가 흐르면 도선에 작용하는 힘은 몇$[N]$인가?

① 0

② 100

③ 150

④ 200

▶ **해설** | ② $F = BIlsin\theta = 5 \times 10 \times 2 \times \sin 90° = 100[N]$

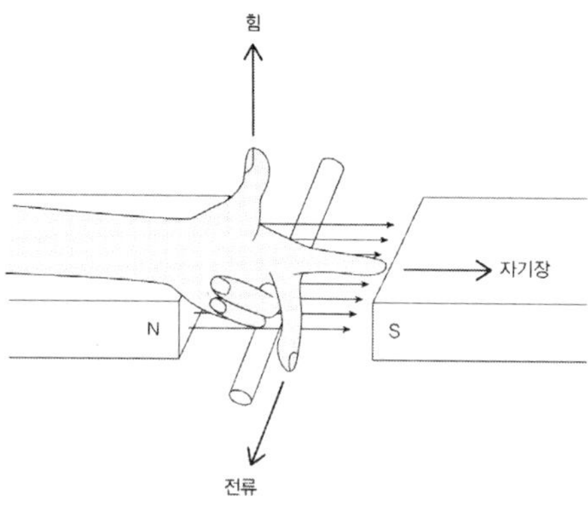

▶ **시험장 풀이전략** |

자속밀도(B), 길이(l), 전류(I), 도선을 자장의 방향과 직각($\theta = 90°$) 값이 주어졌으므로 힘과 관련된 플레밍의 왼손 법칙 공식을 떠올려 식에 대입한다.

$F = BIlsin\theta[N]$

10 자기 인덕턴스가 L_1, L_2이고 상호 인덕턴스 m의 코일을 차동 직렬 접속하였을 때 합성 인덕턴스$[H]$는?

① $L_1 + L_2$

② $L_1 + L_2 + 2M$

③ $L_1 + L_2 - 2M$

④ $L_1 L_2$

▶ **해설** | ㉠ 가동접속(인덕턴스의 방향이 같을 때) : $L_0 = L_1 + L_2 + 2M[H]$

ㄴ 차동접속(인덕턴스의 방향이 다를 때) : $L_0 = L_1 + L_2 - 2M[H]$

11 전기의 전도율이 높은 순서부터 나타낸 것으로 옳은 것은?

① 은 → 구리 → 금 → 알루미늄

② 은 → 철 → 납 → 알루미늄

③ 구리 → 알루미늄 → 은 → 철

④ 구리 → 철 → 알루미늄 → 은

▶ **해설** | ① 금속의 전도율 높은 순서는 '은 > 구리 > 금 > 알루미늄 > 텅스텐 > 아연 > 니켈 > 철 > 백금 > 주석 > 납' 순이다.

12 최댓값이 V_m인 정현파의 실횻값$[V]$은?

① $\dfrac{V_m}{\sqrt{2}}$

② $\dfrac{V_m}{2}$

③ $\dfrac{2V_m}{\pi}$

④ V_m

▶**해설** │ ① 정현파의 실횻값은 $\dfrac{V_m}{\sqrt{2}}$이다.

13 RLC 직렬회로에서 공진 각주파수(w)의 식으로 옳은 것은?

① $\dfrac{1}{LC}$

② $\dfrac{1}{\sqrt{LC}}$

③ $\dfrac{1}{2\pi LC}$

④ $\dfrac{1}{2\pi\sqrt{LC}}$

▶**해설** │ ② RLC 직렬회로에서 공진이란 유도 리액턴스 X_L와 용량성 리액턴스 X_C가 같아져 서로 상쇄되는 상태를 말한다. $(X_L = X_C)$

$X_L = wL$, $X_C = \dfrac{1}{wC}$에서

$wL = \dfrac{1}{wC} \to w^2 = \dfrac{1}{LC} \to w = \dfrac{1}{\sqrt{LC}}$가 된다.

$w = 2\pi f$식에서 주파수 f에 관한 식으로 정리하면,

$f = \dfrac{w}{2\pi} = \dfrac{1}{2\pi} \times \dfrac{1}{\sqrt{LC}} = \dfrac{1}{2\pi\sqrt{LC}}[Hz]$

▶**TIP** │ RLC 직렬공진 회로

㉠ 공진 주파수 : $f = \dfrac{1}{2\pi\sqrt{LC}}[Hz]$

㉡ 공진 각주파수 : $w = \dfrac{1}{\sqrt{LC}}$

㉢ 직렬공진 조건 : $X_L = X_C$ $(\omega L = \dfrac{1}{\omega C})$

㉣ 임피던스 절대값 : $Z = \sqrt{R^2 + (X_L - X_C)^2}[\Omega]$

㉤ 임피던스(Z) 최소, 전류(I) 최대

Answer. **9.**② **10.**③ **11.**① **12.**① **13.**②

14 $R = 6[\Omega]$, $X_L = 8[\Omega]$인 **직렬회로에** $V = 100\sqrt{2}\,sinwt\,[W]$**의 전압을 가할 때 전력 P[W]는?**

① 600

② 1,200

③ 2,400

④ 4,800

▶ **해설** | ① $V = 100\sqrt{2}\,sinut\,[W]$에서 전압의 최댓값$(V_m) = 100\sqrt{2}\,[V]$이다.

전력 계산 시 필요한 실효값$(V) = \dfrac{V_m}{\sqrt{2}} = \dfrac{100\sqrt{2}}{\sqrt{2}} = 100[V]$이므로,

$$I = \frac{V}{Z} = \frac{V}{\sqrt{R^2 + X_L^2}} = \frac{100}{\sqrt{6^2 + 8^2}} = \frac{100}{10} = 10[A]$$가 된다.

소비전력(P)은 저항(R)에서만 발생하므로 다음과 같이 구한다.

$$P = I^2 R = 10^2 \times 6 = 600[W]$$

▶ **다르게 풀어보기** |

소비전력(P)은 역률$(\cos\theta = \dfrac{R}{Z} = \dfrac{6}{10} = 0.6)$을 이용해 구할 수도 있다.

$$P = VI\cos\theta = 100 \times 10 \times 0.6 = 600[W]$$

15 **평형 3상의 전원과 부하를 Y결선하였을 때 옳은 것은? (단, 선간전압 :** V_l**, 상전압 :** V_p**, 선전류 :** I_l**, 상전류 :** I_p**)**

① $V_l = V_p$, $I_l = \sqrt{3}\,I_p$

② $V_l = \sqrt{3}\,V_p$, $I_l = \sqrt{3}\,I_p$

③ $V_l = \sqrt{3}\,V_p$, $I_l = I_p$

④ $V_l = V_p$, $I_l = 3I_p$

▶ **해설** | ㉠ Y결선의 특징

$$V_l = \sqrt{3}\,V_p$$

$$I_l = I_p$$

㉡ △결선의 특징

$$V_l = V_p$$

$$I_l = \sqrt{3}\,I_p$$

16 100[V], 50[W]의 전구와 100[V], 100[W] 전구를 직렬로 100[V] 전원에 연결할 경우 다음 중 옳은 것은?

① 100[W]의 전구가 더 밝다.

② 50[W]의 전구가 더 밝다.

③ 두 전구의 밝기가 똑같다.

④ 둘 다 켜지지 않는다.

▶ **해설** | ② 직렬 접속 시 회로에 흐르는 전류는 동일하므로, 소비전력 $P = I^2 R$[W]에 의해 저항이 큰 부하일수록 소비전력이 증가한다.

$\bigcirc$ 50[W]의 저항 $R_1 = \dfrac{V^2}{P_1} = \dfrac{100^2}{50} = 200[\Omega]$

$\bigcirc$ 100[W]의 저항 $R_2 = \dfrac{V^2}{P_2} = \dfrac{100^2}{100} = 100[\Omega]$

$\therefore$ 따라서 저항값이 큰 50[W]의 전구가 더 밝게 점등된다.

17 다음 물질 중 반자성체로만 짝지어진 것은?

① 철, 구리, 납, 아연

② 철, 니켈, 망간, 코발트

③ 구리, 납, 망간, 코발트

④ 구리, 은, 아연, 비스무트

▶ **해설** | ④ 반자성체로는 구리, 은, 아연, 비스무트 등이 있다

구분	비투자율	종류
강자성체	$\mu_s \gg 1$	철, 니켈, 망간, 코발트
상자성체	$\mu_s > 1$	산소, 공기, 백금, 알루미늄
반자성체(역자성체)	$0 < \mu_s < 1$	은, 아연, 구리, 납, 안티몬, 비스무트, 물

18 묽은 황산(H_2SO_4) 용액에 구리(Cu)판과 아연(Zn)판을 넣었을 때, 양극(+)에 대한 설명으로 옳은 것은?

① 구리판, 수소 기체가 발생한다.

② 구리판, 황산에 용해된다.

③ 아연판, 수소 기체가 발생한다.

④ 아연판, 황산에 용해된다.

▶**해설** | ① 묽은 황산 수용액에 아연판과 구리판을 넣으면 화학 반응에 의해 전지가 되어 기전력이 발생한다. 구리판은 양극(+)으로서 환원 반응이 진행될 때 구리 전극의 표면에서는 수소 이온이 환원되어 수소 기체가 발생한다.

19 그림과 같이 공기 중에 놓인 $12 \times 10^{-8}[C]$의 전하에서 $4[m]$ 떨어진 점 P와 $2[m]$ 떨어진 점 Q와의 전위차$[V]$로 옳은 것은?

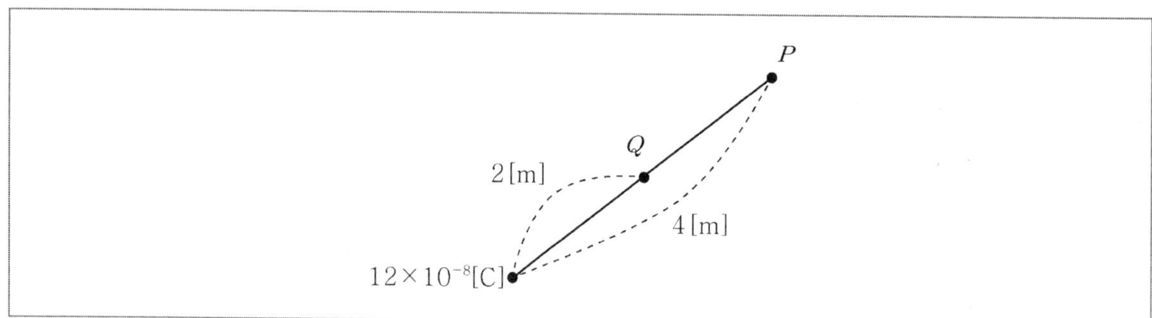

① 180

② 270

③ 360

④ 450

▶**해설** | ㉠ 전위 $V = k\dfrac{Q}{r} = \dfrac{1}{4\pi\varepsilon 0}\dfrac{Q}{r} = 9 \times 10^9 \dfrac{Q}{r}[V]$

㉡ Q점의 전위 $V_Q = 9 \times 10^9 \times \dfrac{12 \times 10^{-8}}{2} = 540[V]$

㉢ P점의 전위 $V_P = 9 \times 10^9 \times \dfrac{12 \times 10^{-8}}{4} = 270[V]$

∴ 전위차 $V_Q - V_P = 540 - 270 = 270[V]$

20 평행한 도체에 흐르는 전류에 의한 작용력으로 옳은 것은?

① 흡인력

② 반발력

③ 회전력

④ 작용력이 없다.

▶**해설** | ① 평행한 두 도체에 흐르는 전류의 방향이 동일하면 흡인력이 작용하고, 왕복 도체일 경우(전류 방향 반대) 반발력이 작용한다.

Answer. 18.① 19.② 20.①

직류기/직류전동기의 종류 및 특성/직류전동기의 종류 및 특성 등

1 **직류전동기의 규약효율을 나타낸 식으로 옳은 것은?**

① $\dfrac{출력}{입력} \times 100[\%]$

② $\dfrac{입력}{입력 - 손실} \times 100[\%]$

③ $\dfrac{출력}{출력 + 손실} \times 100[\%]$

④ $\dfrac{입력 - 손실}{입력} \times 100[\%]$

▶ **해설** | ④ 효율 $= \dfrac{입력 - 손실}{입력} \times 100[\%]$

직류기/직류전동기의 종류 및 특성/직류전동기의 종류 및 특성 등

2 **직류 직권전동기에서 벨트를 걸고 운전하면 안되는 이유로 옳은 것은?**

① 벨트의 마모가 심해 유지 · 보수 빈도가 증가하므로

② 과도한 부하가 작용하므로

③ 벨트 이탈 시 무부하 상태가 되어 위험 속도에 도달할 수 있으므로

④ 벨트 구동으로 기계손이 증가해 손실이 커져 효율이 저하되므로

▶ **해설** | ③ 직류 직권전동기는 부하가 감소하여 무부하 상태에 가까워질수록 계자전류가 감소하고 자속이 약해진다. 이에 따라 속도가 급격히 증가하는데, 벨트가 이탈할 경우 전동기는 무부하에 가까운 상태가 되어 속도가 위험 속도까지 상승할 수 있으며, 이로 인해 전기자나 베어링의 파손, 부품 이탈 등 2차 사고가 발생할 위험이 있다.

직류기/직류발전기의 종류 및 특성/직류발전기의 종류 및 특성 등

3 **직류발전기에서 기전력에 대해 90° 늦은 전류가 흐를 때의 전기자 반작용으로 옳은 것은?**

① 교차자화작용　　　　　　　　② 편자작용

③ 증자작용　　　　　　　　　　④ 감자작용

▶ **해설** | ④ 직류발전기에서 기전력에 대해 90° 늦은 전류가 흐르는 유도성 부하에서는 전기자 자속이 주자속과 반대 방향으로 작용하여, 전체 자속을 감소시키는 감자작용이 발생한다.

4 1차 전압 $6,600[V]$, 2차 전압 $110[V]$, 주파수 $60[Hz]$의 변압기가 있다. 이 변압기의 권수비로 옳은 것은?

① 30

② 60

③ 90

④ 120

▶ **해설** | ② $a = \dfrac{E_1}{E_2} = \dfrac{6,600}{110} = 60$

5 변압기 내부 고장 발생 시 발생하는 기름의 흐름 변화를 검출하는 부흐홀츠 계전기의 설치 위치로 옳은 것은?

① 변압기 주탱크와 콘서베이터 내부

② 변압기 주탱크와 고압측 부싱 사이

③ 변압기 주탱크와 저압측 부싱 사이

④ 변압기 주탱크와 콘서베이터 사이

▶ **해설** | ④ 부흐홀츠 계전기는 변압기 내부 이상으로 온도가 상승할 때 발생하는 가스를 감지하여 동작하며, 변압기 본체와 콘서베이터를 잇는 배관 중간에 설치되는 보호 계전기이다.

6 △-Y결선한 경우에 대한 설명으로 옳지 않은 것은?

① 한 상 고장 시 송전이 가능하다.

② 제3고조파에 의한 장해가 작다.

③ 1 선간전압 및 2차 선간전압의 위상차는 $30°$이다.

④ 1차 변전소의 승압용으로 사용된다.

▶ **해설** | △-Y결선의 특징

ㄱ 승압용 결선으로 사용된다.

ㄴ Y결선의 중성점을 접지할 수 있다.

ㄷ △결선은 제3고조파에 의한 장해가 작다.

ㄹ 1차 선간전압과 2차 선간전압의 위상차는 $30°$이다.

ㅁ 한 상 고장 시 송전이 불가능하다.

Answer. 1.④ 2.③ 3.④ 4.② 5.④ 6.①

7 변압기 V결선의 특징으로 옳지 않은 것은?

① 변압기 1대 고장 시 응급 처치 방법으로 쓰인다.

② 부하 증가가 예상되는 지역에 시설한다.

③ V결선의 출력비는 86.6[%]이다.

④ 단상 변압기 2대로 3상 전력을 공급한다.

▶**해설** │V결선의 특징

　　ㄱ 단상 변압기 2대로 3상 전력을 공급한다.
　　ㄴ 부하 증가가 예상되는 지역에 시설한다.
　　ㄷ 변압기 1대 고장 시 응급 운전에 사용된다.
　　ㄹ V결선의 출력비는 57.7%이다.
　　ㅁ V결선의 이용률은 86.6%이다.

8 3상 변압기를 병렬 운전하는 경우 불가능한 결선 조합으로 옳은 것은?

① △-△와 Y-Y　　　　　　　② △-Y와 Y-Y

③ △-Y와 △-Y　　　　　　　④ △-Y와 Y-△

▶**해설** │3상 변압기의 병렬운전 결선조합

병렬운전 가능	병렬운전 불가능
△-△와 △-△	
Y-Y와 Y-Y	
△-△와 Y-Y	△-△와 △-Y
△-Y와 △-Y	Y-Y와 △-Y
Y-△와 Y-△	
V-V와 V-V	

9 다음은 3상 유도전동기 고정자 권선의 결선도를 나타낸 것이다. 이에 대한 내용으로 옳은 것은?

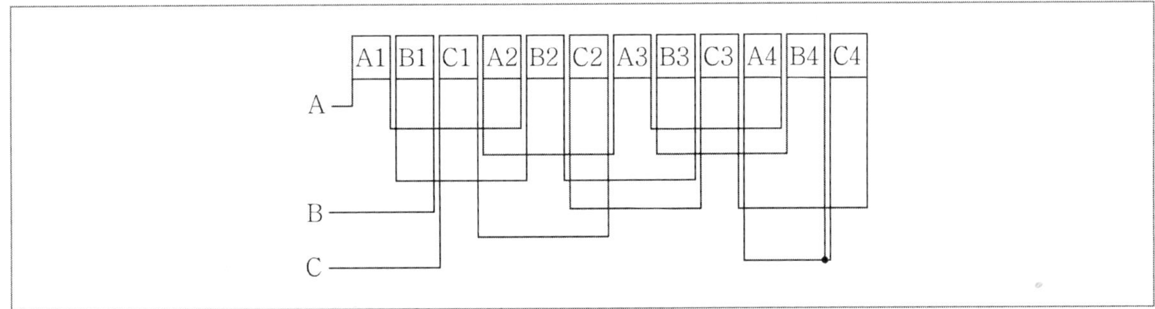

① 3상 4극, △결선
② 3상 4극, Y결선
③ 3상 3극, △결선
④ 3상 3극, Y결선

▶**해설** | ㉠ 전동기 입력단에 A, B, C 세 개의 선이 들어가므로 3상이다.
　㉡ 권선 뭉치(코일변) 하나가 자석의 한 극(N극 또는 S극)을 형성하므로, A상만 따라가 보면 A1, A2, A3, A4 총 4개의 권선 뭉치가 존재하므로 4극 유도 전동기이다.
　㉢ 각 상(A,B,C)의 끝부분이 한 점(중성점)에 모두 모여 묶여 있는 형태로 Y결선이다.

10 직권전동기의 회전수를 $\dfrac{1}{2}$로 감소시키면 토크는 어떻게 변화 하는가?

① $\dfrac{1}{2}$

② $\dfrac{1}{4}$

③ 2

④ 4

▶**해설** |
④ $\tau \propto I^2 \propto \dfrac{1}{N^2}$ 이므로 $\dfrac{1}{(\frac{1}{2})^2} = 4$

　∴ 토크는 기존 값의 4배가 된다.

Answer. 7.③ 8.② 9.② 10.④

11 비례추이를 이용하여 속도제어가 되는 전동기로 옳은 것은?

① 3상 권선형 유도전동기

② 차동복권 전동기

③ 농형 유도전동기

④ 타여자 전동기

▶ **해설** | ② **차동복권 전동기** : 직권 계자 권선과 분권 계자 권선의 자속이 서로 반대 방향이 되도록 결선한 직류 전동기이다. 부하가 증가하면 합성 자속이 감소하여 속도가 상승하는 경향이 있으며, 운전이 불안정하여 일반적으로 거의 사용되지 않는다.

③ **농형 유도전동기** : 농형 회전자를 가진 유도전동기로, 구조가 단순하고 견고하며 유지보수가 쉽고 가격이 저렴하다. 팬, 펌프, 콤프레셔 등 각종 산업용 기기에 가장 널리 사용된다.

④ **타여자 전동기** : 계자 권선과 전기자 권선에 공급되는 전원을 분리하여, 계자 권선을 외부의 별도 전원으로 여자하는 직류 전동기이다. 계자 전류를 독립적으로 조정할 수 있어 속도 제어가 용이하고 속도 변동이 적어, 주로 정밀한 속도 제어가 필요한 산업 설비에 사용된다.

12 전기기기의 철심재료로 규소강판을 성층하여 사용하는 이유로 가장 옳은 것은?

① 기계손을 줄이기 위해

② 절연 내력을 향상시키기 위해

③ 맴돌이전류와 히스테리시스손을 줄이기 위해

④ 철심의 기계적 강도를 크게 하기 위해

▶ **해설** | ③ 규소강판은 히스테리시스손을 감소시키고, 철심을 성층함으로써 맴돌이전류(와류손)를 감소시킬 수 있다.

13 3상 유도전동기의 동기속도를 N_s, 회전속도를 N, 슬립이 s인 경우 2차 효율$(\%)$은?

① $\dfrac{N_s}{N} \times 100$

② $\dfrac{N}{N_s} \times 100$

③ $(s-1) \times 100$

④ $\dfrac{1}{s}(N_s - N) \times 100$

▶ **해설** | ① $\eta_2 = (1-s) \times 100 = \dfrac{N}{N_s} \times 100\,[\%]$

14 3상 유도전동기의 속도제어 방법 중 인버터(Inverter)를 이용한 속도 제어법으로 옳은 것은?

① 주파수 제어법

② 저항 제어법

③ 극수 변환법

④ 전압 제어법

▶**해설** │ ② 저항 제어법 : 권선형 유도전동기의 회전자 2차 회로에 가변 저항을 삽입하여 슬립(s)을 조절하는 슬립 제어법이다.
③ 극수 변환법 : 고정자 권선 결선 변경으로 극수 P를 바꾸어 동기속도를 단계별로 조정하는 방법이다.
④ 전압 제어법 : 고정자에 인가되는 전압 크기를 변화시켜 토크 특성을 조정하고 속도를 제어하는 방법이다. 속도 변동이 크고 효율이 좋지 않아 주로 소용량 팬(Fan)이나 펌프와 같은 경부하에 사용된다.

15 동기속도 1,800[rpm], 주파수 30[Hz]인 동기 발전기의 극수는 몇 극인가?

① 2

② 4

③ 6

④ 8

▶**해설** │ ① $P = \dfrac{120}{N_s} f = \dfrac{120 \times 30}{1,800} = 2[극]$

16 동기발전기에서 단락비가 클수록 다음 중 값이 작아지는 것은?

① 역률

② 기기의 중량

③ 동기임피던스와 단락전류

④ 전기자 반작용와 전압변동률

▶**해설** │ 단락비가 큰 동기기
㉠ 안정도가 높고, 단락전류가 크다.
㉡ 전기자 반작용 · 동기임피던스 · 전압변동률이 작다.
㉢ 기계가 대형이며, 무겁고, 가격이 비싸고, 효율이 낮다.

Answer. **11.**① **12.**③ **13.**② **14.**① **15.**① **16.**④

17 3상 동기 발전기를 병렬 운전시키는 경우 고려하지 않아도 되는 것은?

① 상회전 방향이 같을 것

② 크기가 같을 것

③ 파형이 같을 것

④ 회전수가 같을 것

▶ **해설** | 동기 발전기의 병렬 운전 조건

조건	일치하지 않을 때 발생
크기가 같을 것	무효 순환전류(무효횡류)
위상이 같을 것	유효 순환전류(유효 횡류=동기화 전류)
주파수가 같을 것	난조 발생 (방지책 : 제동권선 설치)
파형이 같을 것	고조파 무효 순환전류
상회전 방향 같을 것	단락 사고 및 역회전 위험

18 병렬 운전 중인 동기 발전기의 난조를 방지하기 위하여 자극 면에 유도 전동기의 농형권선과 같은 권선을 설치하는데 이 권선의 명칭으로 옳은 것은?

① 전기자권선

② 계자권선

③ 제동권선

④ 보극권선

▶ **해설** | ① 전기자권선 : 직류기의 회전자에 설치된 권선으로, 전동기에서는 전류와 자속의 상호작용에 의해 토크를 발생시키고, 발전기에서는 자속을 끊어 기전력을 생성한다.
② 계자권선 : 직류기의 고정자에 설치된 권선으로, 전류를 흘려 주자속을 발생시킨다.
④ 보극권선 : 계자 주요 극 사이의 보극에 설치된 권선으로, 전기자 반작용을 보상하여 중성축을 안정시키고 브러시 스파크를 억제하여 정류 작용을 개선한다.

19 2대의 동기발전기 A, B가 병렬운전하고 있을 때 A기의 여자전류를 증가시키면 어떻게 되는가?

① A기의 역률은 높아지고 B기의 역률은 낮아진다.

② A기의 역률은 낮아지고 B기의 역률은 높아진다.

③ A, B 양 발전기의 역률 변화가 없다.

④ A, B 양 발전기의 역률이 높아진다.

▶ **해설** | ② 동기 발전기의 여자전류를 증가시키면 해당 발전기(A기)의 무효전력이 증가하고 역률이 낮아지며, 상대 발전기(B기)의 역률이 높아진다.

　　　▶ **시험장 풀이전략** |

여자전류 증가 → 해당 발전기 무효전력 증가 → 자기 역률 저하, 상대 발전기 역률 상승

20 다음 중 자기 소호 기능이 가장 좋은 소자로 옳은 것은?

① LASCR

② TRIAC

③ SCR

④ GTO

▶ **해설** | ① LASCR : 광(光)에 의해 트리거되는 3단자 단방향 사이리스터이다. 빛을 조사하면 턴 온(Turn-on)되며, 광절연이 필요한 정류 및 스위칭 제어 회로에 사용된다.

② TRIAC : 교류회로에서 양방향으로 전류를 흘릴 수 있는 3단자 양방향 사이리스터로, 교류 부하의 위상제어 및 전력제어에 사용된다.

③ SCR : 게이트에 트리거 전류를 인가하면 순방향으로 도통되는 3단자 단방향 사이리스터이다. 도통 후 전류가 유지 전류 이하로 떨어질 때까지 동작 상태를 유지하며, 정류 작용과 산업용 전력 제어 회로에 널리 활용된다.

📝 **Answer.** 17.④　18.③　19.②　20.④

배선재료 및 공구/전선 및 케이블/절연전선

1 인입용 비닐 절연전선의 기호로 옳은 것은?

① VV
② OC
③ DV
④ FL

▶ **해설** | ① VV : 비닐 절연 비닐외장 케이블
② OC : 옥외용 가교폴리에틸렌 절연전선
④ FL : 형광 방전등용 전선

보호계전기/보호계전기의 종류 및 특성/보호계전기의 종류

2 낙뢰, 수목 접촉, 일시적인 불꽃방전(섬락) 등 순간적인 사고로 계통에서 분리된 구간을 신속히 계통에 재투입시킴으로써 계통의 안정도를 향상시키고 정전 구간을 단축시키기 위해 사용되는 계전기는?

① 비율차동계전기
② 선택지락계전기
③ 재폐로계전기
④ 거리계전기

▶ **해설** | ① 비율차동계전기 : 입력전류와 출력전류의 벡터 차이를 비교해 그 차이가 설정 비율 이상일 경우 내부 고장으로 판단해 동작한다. 변압기, 발전기의 내부 고장을 보호하기 위한 계전기이다.
② 선택지락계전기 : 다회선 송전선로에서 지락이 발생된 회선만을 검출하여 선택 · 차단할 수 있도록 동작하는 계전기이다.
④ 거리계전기 : 계전기 설치 지점부터 고장 지점까지의 전기적 거리(전압과 전류의 비율로 임피던스 계산)를 측정하여 임피던스 값이 설정 범위 이하일 때 동작하는 계전기로, 송전 선로의 단락 및 지락 고장 구간을 선택적으로 차단할 수 있다.

전기응용시설 공사/조명배선/조명공사 등

3 일반 주택 및 아파트에 설치하는 현관등은 최대 몇 분 이내에 소등되는 타임스위치를 시설하여야 하는가?

① 1
② 2
③ 3
④ 5

▶ **해설** | 센서등(현광등) 설치 시 타임스위치 소등 시간
㉠ 일반 주택 및 아파트 현관등 : 3분 이내
㉡ 숙박업소 객실의 입구등 : 1분

4 한국전기설비규정(KEC)에서 정하는 옥내배선의 보호도체(PE)의 색별표시로 옳은 것은?

① 녹색−노란색

② 녹색−청색

③ 녹색−갈색

④ 녹색−회색

▶ **해설** | 전선의 상(Phase)별 색상

상(문자)	색상
L1	갈색
L2	흑색
L3	회색
N(중성선)	청색
보호도체(PE)	녹색−노란색

5 전선의 굵기를 측정할 때 사용하는 것으로 옳은 것은?

① 절연 저항계

② 어스테스터

③ 와이어 게이지

④ 버니어 캘리퍼스

▶ **해설** | ① 절연 저항계 : 절연 저항을 측정할 때 사용한다.

② 어스테스터 : 접지 저항을 측정할 때 사용한다.

④ 버니어 캘리퍼스 : 물체의 길이나 두께, 외·내경 및 깊이를 측정할 수 있는 일종의 자이다.

6 절연전선으로 전선이 설치(가선)된 배전선로에서 활선 상태인 경우 전선의 피복을 벗기는 것은 매우 곤란한 작업이다. 이런 경우 활선 상태에서 전선의 피복을 벗기는 공구로 옳은 것은?

① 전선 피박기

② 플라이어

③ 데드 엔드 커버

④ 히키

▶ **해설** | ① 전선 피박기 : 활선 상태에서 전선 피복을 벗기는 공구로 활선 피박기라고도 한다.

② 활선 클램프 : 배전선로 활선 작업 시 무정전 상태에서 임시 접속이나 우회 전원 공급을 위해 사용하는 접속용 공구

③ 데드 엔드 커버 : 가공배전선로의 활선 작업 시, 현수애자와 인류클램프 등 전기가 흐르는 충전부를 방호하여 작업자의 감전 사고를 예방하는 절연 방호구

④ 애자 커버 : 애자 및 그 부속 충전부를 덮어 작업자의 감전 및 단락 사고를 방지하기 위한 절연 커버

📋 **Answer.**　1.③　2.③　3.③　4.①　5.③　6.①

7 다음 중 전선의 접속 방법으로 옳지 않은 것은?

① 박스 안에서 전선을 접속한다.

② 전선의 세기를 20[%] 이상 증가시키지 않는다.

③ 전선 접속 부분의 전기저항을 증가시키지 않아야 한다.

④ 도체 절연 피복은 전기용 접착 테이프에 적합해야 한다.

▶ **해설** | 전선의 접속

　㉠ 전선접속 시 전기저항을 증가시키지 않도록 한다.

　㉡ 전선의 세기는 20[%] 이상 감소시키지 않는다(80[%] 이상 유지한다).

　㉢ 박스 안에서 전선을 접속하고, 접속점에 장력이 가해지지 않도록 한다.

　㉣ 접속점의 절연 약화를 방지하기 위해 테이핑 또는 와이어 커넥터로 절연한다.

　㉤ 전선의 접속부에 사용하는 테이프 및 튜브 등 도체의 절연에 사용되는 절연 피복은 전기용 접착 테이프에 적합한 것을 사용하고 반폭 이상 겹쳐서 2회 이상 감아야 한다.

8 기숙사, 호텔, 병원, 학교인 경우 표준부하는 몇 $[VA/m^2]$인가?

① 10

② 20

③ 30

④ 40

▶ **해설** | 건물의 종류에 따른 표준부하

건물의 종류	표준부하$[VA/m^2]$
공장, 공회당, 사원, 교회, 극장, 영화관, 연회장 등	10
기숙사, 여관, 호텔, 병원, 학교, 음식점, 다방, 대중목욕탕	20
사무실, 은행, 상점, 이발소, 미용원	30
주택, 아파트	40

9 변압기 2차측에 접지공사를 하는 이유로 옳은 것은?

① 전압 변동의 방지

② 전류 변동의 방지

③ 설비의 역률 개선

④ 고 · 저압 혼촉 방지

▶ **해설** | ④ 고압측과 저압측 사이에 혼촉 사고가 발생할 경우, 저압측에 위험한 고전압이 인가되는 것을 방지하기 위해 변압기 2차측을 접지하여 이상 전압을 대지로 방류한다.

10 저압 가공인입선이 도로를 횡단하는 경우 노면상 시설하여야 할 높이는 몇 $[m]$ 이상인가?

① 5

② 6

③ 6.5

④ 8

▶ **해설** | ① 저압 가공인입선이 도로를 횡단하는 경우 $5[m]$ 이상의 높이에 시설하여야 한다.

11 철근콘크리트주의 길이가 $6[m]$인 지지물을 건주할 경우 땅에 묻히는 깊이는 최소 몇 $[m]$ 이상인가? (단, 설계하중이 $6.8[kN]$ 이하이다.)

① 1

② 1.5

③ 2

④ 2.5

▶ **해설** | ① 지지물의 건주공사 시 매설 깊이(설계하중이 $6.8[kN]$ 이하)는 $15[m]$이하일 때, 매설깊이=전주 길이$\times \dfrac{1}{6}$ 이상이므로,

$$L = 6[m] \times \frac{1}{6} = 1[m]$$ 이상 매설해야 한다.

12 일반적으로 가공전선로의 지지물에 취급자가 오르고 내리는 데 사용하는 발판볼트 등은 지표상 넞 $[m]$ 이상부터 설치하는가?

① 1.2

② 1.5

③ 1.8

④ 2.0

▶ **해설** | ③ 발판 볼트는 지표상 $1.8[m]$ 이상의 높이부터 설치를 시작하며, 완금 하단으로부터 $0.9[m]$ 아래 위치까지 설치한다.

▶ **시험장 풀이전략**

발판볼트 $1.8[m]$ 미만 설치 금지

Answer. 7.② 8.② 9.④ 10.① 11.① 12.③

13 점유면적이 좁고 운전 및 보수가 안전하여 공장, 빌딩 등의 전기실에 많이 사용되며, 큐비클(cubicle)형이라고 불리는 배전반으로 옳은 것은?

① 수직 벽 배전반

② 폐쇄식 배전반

③ 라이브 프런트식 배전반

④ 데드 프런트식 배전반

▶**해설** | ① 수직 벽 배전반 : 수직 벽면을 지지 구조로 이용하여 설치 면적을 최소화한 배전반으로, 배전함 내부 또는 벽면에 부착하여 설치하며 금속판·문 등으로 기기를 보호하는 구조이다.
③ 라이브 프런트식 배전반 : 배전반 전면에 충전부가 노출된 구조로 점검 및 유지보수가 용이하나 감전 위험이 커 제한된 장소에서 사용되는 배전반이다.
④ 데드 프런트식 배전반 : 배전반 전면에는 조작부만 노출되고 충전부는 외부에서 직접 접촉할 수 없도록 차폐된 구조로, 감전 위험이 적고 안전성이 높은 배전반이다.

14 다음 〈보기〉 중 금속관, 합성수지관, 케이블, 애자사용공사가 모두 가능한 특수장소를 고른 것은?

〈보기〉

(가) 화약류 등의 위험 장소   (나) 부식성 가스가 있는 장소
(다) 위험물 등이 존재하는 장소   (라) 불연성 먼지가 많은 장소
(마) 습기가 많은 장소

① (가), (다), (마)

② (가), (나), (라)

③ (나), (라), (마)

④ (나), (다), (라)

▶**해설** | 특수장소 공사 가능 여부

특수장소	금속관	합성수지관	케이블	애자
(가) 화약류 위험	O	X	O	X
(나) 부식성 가스	O	O	O	O
(다) 위험물 존재	O	O	O	X
(라) 불연성 먼지	O	O	O	O
(마) 습기 많음	O	O	O	O

15 폭연성 먼지(분진)가 존재하는 장소에서 저압 옥내배선을 시공할 때, 적합한 공사방법의 조합은 어느 것인가?

① MI 케이블 공사, CD 케이블 공사, 제1종 캡타이어 케이블 공사

② MI 케이블 공사, CD 케이블 공사, 개장된 케이블 공사

③ CD 케이블 공사, 금속관공사, 제1종 캡타이어 케이블 공사

④ MI 케이블 공사, 금속관공사, 개장된 케이블 공사

▶**해설** | ④ 폭연성 먼지(분진)가 존재하는 장소의 공사 시 적합한 방법으로는 금속관 공사, 개장된 케이블 공사, 무기물 절연 케이블(MI 케이블) 등이 있다.

16 피시 테이프(fish tape)의 용도로 옳은 것은?

① 배관 안으로 전선을 넣을 때 사용된다.

② 전선을 테이프로 고정할 때 사용된다.

③ 전선의 끝을 마감할 때 사용된다.

④ 전선관 내부를 청소할 때 사용된다.

▶**해설** | ① 피시 테이프를 배관이나 전선관에 먼저 집어넣고, 전선과 연결한 후 끌어 당겨 전선을 관 안에 넣는다.

17 특고압 수전설비의 결선 기호와 명칭으로 옳지 않은 것은?

① PF – 전력퓨즈

② CB – 차단기

③ LS – 피뢰기

④ DS – 단로기

▶**해설** | ③ 피뢰기의 결선 기호는 LA이다.

📝 **Answer.** 13.② 14.③ 15.④ 16.① 17.③

18 실내 전체를 균일하게 조명하는 방식으로 광원을 일정한 간격으로 배치하는 조명방식은?

① 간접조명

② 국부조명

③ 전반조명

④ 전반국부조명

▶**해설** | ① **간접조명** : 광속의 대부분을 천장이나 벽면에 비춘 뒤 반사광으로 실내를 밝히는 방식으로, 광속의 90% 이상이 상부로 향한다. 부드럽고 눈부심이 적은 장점이 있으나 조명 효율은 낮아지는 편이다.
② **국부조명** : 작업면 중 필요한 부분만 높은 조도로 비추기 위해 조명기구를 집중 배치하거나 스탠드 등을 사용하는 방식으로, 밝기 차이가 커 눈부심과 눈의 피로가 발생하기 쉬운 단점이 있다.
④ **전반국부조명** : 전반조명으로 기본적인 시각 환경을 확보한 뒤, 필요한 부분에 국부조명을 더해 고조도를 경제적으로 얻는 방식으로, 병원 수술실이나 공부방, 기계공작실 등에 주로 사용된다.

19 일반 테이프와 달리 접착력은 떨어지나 절연성, 내온성, 내유성이 좋아 연피케이블 접속에 사용되는 테이프는?

① 고무 테이프

② 리노 테이프

③ 비닐 테이프

④ 자기 융착 테이프

▶**해설** | ① **고무 테이프** : 탄성이 크고 절연성이 우수하며, 감을 때 잡아당겨서 겹쳐 감는다.
③ **비닐 테이프** : 가장 일반적인 절연 테이프로, 접착력이 좋고 시공이 간편하다.
④ **자기 융착 테이프** : 테이프 상호 간에 융착되어 일체화되는 성질이 있으며, 방수·방습 성능이 우수하다.

20 단상 3선식(110/220[V])에서 110[V] 전구 Ⓡ, 110[V] 콘센트 Ⓒ, 220[V] 모터 Ⓜ을 설치할 때, 올바른 전원 연결은 무엇인가?

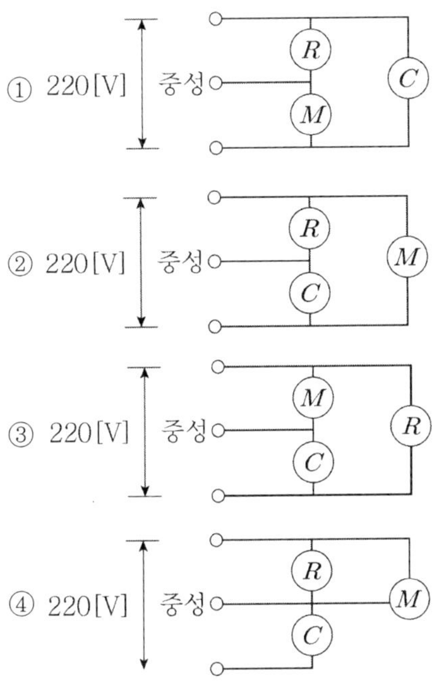

▶ **해설** | ② 단상 3선식 전기 방식은 외선 – 중성선 사이에서 $110[V]$, 외선 – 외선 사이에서 $220[V]$를 얻을 수 있는 구조이다. 따라서 $110[V]$가 필요한 전구Ⓡ과 콘센트Ⓒ는 외선 – 중성선 사이에, $220[V]$가 필요한 모터 Ⓜ은 외선 – 외선 사이에 각각 연결한다.

시사용어사전 | 경제용어사전 | 부동산용어사전

시사용어사전

매일 접하는 각종 기사와 정보! 공기업/언론사/기업체/공무원 채용을 준비하는 수험생과
현대인이 꼭 알아야 할 최신 시사상식을 쏙쏙 뽑아 이해하기 쉽도록 영역별로 정리

경제용어사전

주요 경제용어는 거의 다 실었다! 금융권/공기업/언론사/기업체/공무원 채용을 준비하기 전에,
경제 공부를 시작하기 전에 읽어보면 경제가 쉬워지도록 사전식으로 구성

부동산용어사전

부동산에 대한 이해를 높이고 부동산의 개발과 활용, 투자 및 부동산 용어 학습에도
적극적으로 이용할 수 있는 교재, 공인중개사 출제용어도 수록

자격증

한번에 따기 위한 서원각 교재

한 권에 준비하기 시리즈 / 기출문제 정복하기 시리즈를 통해 자격증 준비하자!